高职高专教育土建类专业"十三五"创新规划教材

场地设计

主　编　田立臣　戚余蓉　杨玉光

副主编　李提莲　青　宁　张婷婷

参　编　祁丽丽　徐　婧　董娉怡

　　　　张　妍　徐宏伟

中国建材工业出版社

图书在版编目（CIP）数据

场地设计/田立臣，戚余蓉，杨玉光主编．—北京：
中国建材工业出版社，2017.7（2023.9 重印）
高职高专教育土建类专业"十三五"创新规划教材
ISBN 978-7-5160-1882-8

Ⅰ.①场… Ⅱ.①田… ②戚… ③杨… Ⅲ.①场地—
建筑设计—高等学校—教材 Ⅳ.①TU201

中国版本图书馆 CIP 数据核字（2017）第 127481 号

内 容 简 介

"场地设计"是高职院校建筑设计专业的一门核心课程。本书在内容上针对职业岗位的需求来设置，紧紧围绕着完成工作任务而展开。本书主要包括场地设计概述、场地设计条件、场地总平面设计、场地道路及停车场设计、场地竖向设计、场地绿化设计、场地管线综合设计、场地设计综合实训共八章。

本书可作为高职院校建筑设计、城市规划、环境艺术以及相关专业的教材，也可作为建筑师、城市规划师、景观设计师、环境艺术设计师、相关工程技术人员及城市建设管理人员的参考用书。

场地设计

主编 田立臣 戚余蓉 杨玉光

出版发行：中国建材工业出版社
地　　址：北京市海淀区三里河路 11 号
邮　　编：100831
经　　销：全国各地新华书店
印　　刷：北京雁林吉兆印刷有限公司
开　　本：787mm×1092mm　1/16
印　　张：7.25
字　　数：190 千字
版　　次：2017 年 7 月第 1 版
印　　次：2023 年 9 月第 7 次
定　　价：**26.00 元**

本社网址：www.jccbs.com　　微信公众号：zgjcgycbs
本书如出现印装质量问题，由我社市场营销部负责调换。联系电话：(010)57811387

前　言

　　场地设计作为一门独立的课程，是建筑设计、城乡规划等专业学习的重要组成部分，也是国家注册建筑师考试的一项科目。

　　本书主要针对高职高专院校开设的场地设计课程而编写，采用理论先导、案例分析、任务训练、综合实训的体系结构。根据设计的步骤，从总平面入手，经过定位、道路及停车场设计、竖向设计、绿化设计，最后到管线综合设计，循序渐进，逐步展开，脉络清晰，浅显易懂，特别是书中的成果多为学生的作业，因此更贴近学生实际，容易接受。

　　本书的主要特色：一是配合知识目标和职业能力目标的培养，由浅入深地设定一些职业岗位的工作任务，在完成这些工作任务的过程中，将知识和方法传授给学生，从而达到课程目标的要求；二是既注重学生职业能力的培养，同时也更加强调对学生设计能力和实操能力的培养。

　　本书由黑龙江建筑职业技术学院田立臣、戚余蓉以及黑龙江省公路勘察设计院杨玉光担任主编并最终统稿；由江苏建筑职业技术学院李提莲、山东城市建设职业学院青宁以及新疆建设职业技术学院张婷婷担任副主编；由黑龙江建筑职业技术学院祁丽丽、徐婧、董娉怡、张妍、徐宏伟担任参编。

　　鉴于作者水平、能力所限，书中难免有疏漏和不当之处，敬请各位读者批评指正。

编者

2017 年 6 月

目　　录

1 场地设计概述

【学习目标】掌握场地设计的概念、特点、内容和设计阶段，了解场地设计与相关学科的关系，以及场地设计与注册建筑师执业资格的关系。

1.1 场地的概念

1.1.1 狭义概念

场地是指基地范围内建筑物之外的广场、绿地、停车场、室外活动场、室外展览场等内容。这时的场地是相对于建筑物而言的，即通常意义的室外场地，以表明建筑物之外的部分。

1.1.2 广义概念

场地是指基地范围内的所有要素，包括建筑物、构筑物、交通设施、室外活动设施、绿化景观设施和工程管线等，以及它们之间的联系。

本书中的场地即为广义的场地概念。

1.2 场地设计的概念

场地设计是为了满足建设项目的使用功能要求，根据基地及周边的现状和规划设计条件，在符合相关法规、规范的基础上，合理组织用地范围内各构成要素之间的活动，是针对基地内建设的总平面设计。

1.3 场地设计的特点

1. 综合性

场地设计涉及社会、经济、工程技术、环境等多学科内容，知识相互联系、相互包容，形成综合知识体系。场地设计工作与建设项目的性质、规模、使用功能、场地自然条件等多种因素相关，在进行场地内外部空间组合、建筑的形态及布置、绿化设计等工作时，需从建筑与环境艺术这两方面着手研究处理。此外，场地设计还涉及道路设计、竖向设计、管线综合等专项工程技术内容。所以，场地设计是一项综合性的工作，既要统一协调，又要解决技术、经济、建设等方面的矛盾和问题。

2. 政策性

场地设计是对场地内各种工程建设的综合布置，关系到建设项目的使用效果、建设费用和建设速度等，涉及政府的计划、土地与城乡规划、市政工程等有关部门；建设项目的性质、规模、建设标准及用地指标等，都不单纯取决于技术和经济因素，一些原则问题的解决必须以国家法律、法规及有关方针政策为依据，是一项政策性很强的设计工作。

3. 地方性

场地设计除受场地特定的自然条件和建设条件制约外，与场地所处的纬度、地区、城市等密切联系，设计时应结合周围建筑的风格特征、地方风俗习惯等，充分挖掘场地本身的特质，形成具有地方特色的场地设计。

4. 长期性与预见性

场地设计一旦付诸实施便具有相对的长期性，这就要求场地设计工作具有科学的预见性，要求设计单位必须充分估计社会经济发展、技术进步可能对场地未来使用的影响，保持一定的灵活性和前瞻性，既要为发展留有余地，又要保证相对的稳定性和连续性。

1.4 场地设计的内容

1.4.1 条件分析

在踏勘现场、收集基础资料的基础上，分析场地及周边环境自然条件、建设条件和城乡规划的要求等，明确影响和制约场地设计的各种关键因素及问题。从全局出发提出场地总体布局的可能性、可行性及实现这些可行性的优化可能及存在问题，从而为后续工作打下良好的基础。

1.4.2 总体布局

结合场地的现状条件，分析研究建设项目的各种使用功能要求，明确功能分区，合理确定场地内建筑物、构筑物及其他工程设施相互间的空间关系，进行平面布局。

1.4.3 交通组织

合理组织场地内的各种交通流线，避免人流、车流之间的相互交叉干扰；根据初步确定的建筑物、构筑物布置，进行道路、停车场、出入口等交通设施的具体布置，以及与城市道路的衔接要求，并调整总平面图中建筑布置。

1.4.4 竖向设计

结合地形，拟定场地的竖向布置方案，有效组织地面排水，核定土石方工程量，确定场地各部分设计标高和建筑物室内地坪设计标高，合理进行场地的竖向设计。

1.4.5 绿化设计

根据使用者的室外活动需求，综合布置各种活动空间、环境设施、景观小品及绿化植物等，有效控制噪声等环境污染，创造优美宜人的室外环境。

1.4.6 管线综合

协调各种室外管线的敷设，合理进行场地的管线综合布置，并具体确定各种管线在地上和地下的走向、平面（竖向）敷设顺序、管线间距、支架高度或埋设深度等，避免其相互干扰或影响景观。

1.4.7　技术经济分析

核算场地设计方案的各项技术经济指标，核定场地的室外工程量及其造价，进行必要的技术经济分析与论证。

1.5　场地设计的阶段

按照设计程序的先后次序和设计深度不同，可以把场地设计分为初步设计和施工图设计两个阶段。

1.5.1　初步设计阶段

着重于对场地条件和有关要求的分析，对场地内的建筑、道路、绿化等进行合理的功能分区及用地布局，对各种动线（交通流线、人流、物流、设备流）及出入口进行合理布置，减少相互交叉与干扰，明确建筑群的主从关系，完善空间布置，并根据用地特点及工艺要求合理安排场地内各种绿化及环境设施等。

1.5.2　施工图设计阶段

根据已批准的初步设计编制具体的实施方案，编制工程预算，做好订购材料和设备，进行施工安装及工程验收等。主要包括场地内各项工程设施的定位、竖向设计、绿化布置、管线综合及有关室外工程的设计详图等。

1.6　场地设计与相关学科的关系

1.6.1　场地设计与城市规划的关系

城市规划是根据一定时期城市及地区的经济和社会发展计划与目标，结合当地具体条件，确定城市性质、规模和发展方向，合理利用城市土地，协调城市空间与功能布局，进行各项用地建设的综合部署与全面安排。所以，场地设计中应落实城市规划的指导思想和建设计划，严格执行《中华人民共和国城乡规划法》中规定的建设用地与建设工程的规划管理审批程序。

控制性详细规划明确规定了场地设计和建设的具体要求。它以总体规划和分区规划为依据，详细规定建设用地和各项控制指标和其他规划管理的要求，或者直接对建设做出指导性的具体安排和规划设计。

进行场地设计，一般需收集和分析规划建设要求、自然环境条件、人工环境条件、社会环境条件等资料。为保证城市和区域的整体运营效益，也为保证场地和其他用地拥有共同的协调环境与各自利益，场地的设计与建设必须遵守一定的公共限制。这些公共限制是通过场地设计中一系列技术经济指标控制来实现的。通过对场地界限、用地性质、容量、密度、限高、绿化等多方面指标的控制，在保证场地自身土地使用效益的同时，达到城市整体经济效益良好、空间布局合理的目的。

1.6.2　场地设计与单体建筑设计的关系

场地设计对其中单体建筑设计的制约性很大，其位置、朝向、室内外交通联系、建筑出入口布置、建筑造型的设计处理等都应贯彻场地设计意图。同时，由于单体建筑设计还受到建筑物的使用功能、材料与工程技术、用地条件及周围环境等因素的制约，场地设计在一定程度上也取决于单体建筑的平面形式、建筑层数、形态、尺度、材料等。单体建筑设计如能妥善处理好这些关系，就会使设计更加经济、合理。可见，场地设计与建筑设计相互影响、相互依存。从宏观角度讲，场地设计对场地总体布置和安排，属于全局性的工作；从微观角度讲，建筑群中的单体建筑设计，应按照局部服从整体的设计原则贯彻场地设计意图，否则将破坏建筑群体和场地环境及设施的统一性、完整性。

1.7　场地设计与注册建筑师执业资格

我国现行的一级、二级注册建筑师资格考试大纲，均把"场地设计"列为考试科目。在这样的背景下，引入场地设计概念，明确场地设计的内容和任务，是未来职业建筑师教育的必然选择，也有利于明确建筑师在工程设计各阶段的责任、权利和义务。国外的注册建筑师考试中也有类似的划分方法。如美国的注册建筑师考试科目和试题的设定，也给场地设计以独立的地位，在作图题中，将场地设计和建筑设计相并列。因此，为适应我国建筑市场的发展，配合注册建筑师制度的推行，引入场地设计这一概念，认真研究场地设计问题，具有积极的现实意义和深远影响。

2 场地设计条件

【学习目标】掌握影响场地设计的三个基本条件：自然条件、建设条件、公共限制条件。

场地设计条件主要包括自然条件、建设条件以及公共限制条件，它们共同制约着场地设计，对场地的功能布局形成多方面的影响，其中有来自场地周围环境的影响，有来自场地内部条件的影响，有对场地平面布局的影响，也有对场地立体空间的限制，有对场地交通组织的制约，也有对场地内建筑群布置的约束等。

2.1 场地的自然条件

场地的自然条件，是指场地的自然地理特征，包括地形、气候、工程地质、水文及水文地质等条件，它们在不同程度上以不同的方式对场地设计和建设产生影响。

2.1.1 地形地貌条件

1. 地形图的识读

在场地设计中，地形的情况是通过地形图来表达的，如图 2-1 所示。

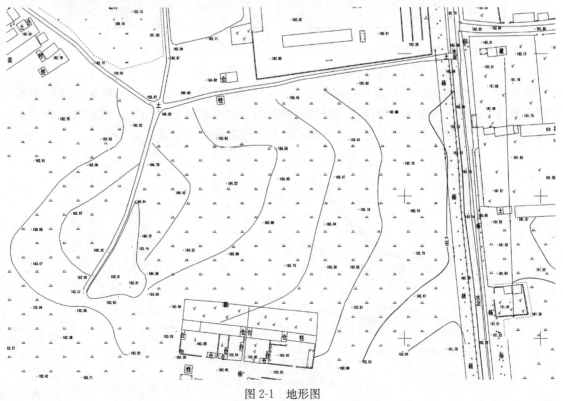

图 2-1 地形图

地形图是将地表面上各种地形沿铅垂方向投影到水平面上，用简明、准确、容易识别的符号和注记来表达地物的平面位置和地貌的高低起伏形态，并按一定比例尺缩小绘制而形成的。因其通过测量绘制而成，又称为现状测绘图或现状地形图，通过地形图可以比较详尽地了解当地的地形、地物、地貌、高程及相对尺寸等。

（1）比例尺

地形图上任意一根线段的长度与其所代表地面上相应的实际水平距离之比，称为地形图的比例尺。通常称 1 : 500、1 : 1000、1 : 2000、1 : 5000 和 1 : 10000 为大比例尺地形图。不同设计阶段采用的比例尺，如表 2-1 所示。

表 2-1　地形图比例尺适用设计阶段

比例尺	1 : 500	1 : 1000	1 : 2000	1 : 5000	1 : 10000
适用设计阶段	建设用地现状图、详细规划、工程项目方案设计、初步设计和施工图设计	详细规划、工程项目方案设计和初步设计	详细规划、工程项目方案设计和初步设计	场址选择	

（2）等高距及等高线间距

地形图上相邻两条等高线间的高差称为等高距（h），如图 2-2（a）所示。在同一幅地形图上，等高距是相同的。地形图上等高距的选择与比例尺及地面坡度有关，如表 2-2 所示。

表 2-2　地形图的等高距

地面倾角	比例尺				备注
	1 : 500	1 : 1000	1 : 2000	1 : 5000	
0°～6°	0.5m	0.5m	1m	2m	等高距为 0.5 时，特征点高程可注至 cm，其余均注至 dm
6°～15°	0.5m	1m	2m	5m	
15°以上	1m	1m	2m	5m	

地形图上相邻两条等高线之间的水平距离称为等高线间距，如图 2-2 中的 d_1、d_2 和 d_3 所示。在同一幅地形图上，等高线间距与地面坡度成反比。如图 2-2 所示，等高线间距（d_1）愈大，地面坡度（i_1）愈小；间距（d_2、d_3）愈小，坡度（i_2、i_3）越大；间距相等，坡度相同。因此，地形图上等高线间距的疏密反映了地面坡度的缓与陡。根据坡度的大小，将地形划分为六种类型，地形坡度的分级标准及与建筑的关系如表 2-3 所示。

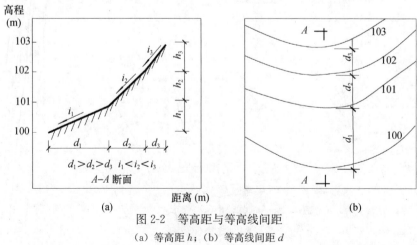

图 2-2　等高距与等高线间距

（a）等高距 h；（b）等高线间距 d

表 2-3 地形坡度分级标准及与建筑的关系

类型	坡度值	度数	建筑区布置及设计基本特征
平坡地	3%以下	0°～1°43′	基本上是平地，道路及房屋可自由布置，但须注意排水
缓坡地	3%～10%	1°43′～5°43′	建筑区内车道可以纵横自由布置，不需要梯级，建筑群布置不受地形的约束
中坡地	10%～25%	5°43′～14°02′	建筑区内须设梯级，车道不宜垂直于等高线布置，建筑群布置受到一定限制
陡坡地	25%～50%	14°02′～26°34′	建筑区内车道须与等高线成较小锐角布置，建筑群布置与设计受到较大的限制
急坡地	50%～100%	26°34′～45°	车道须曲折盘旋而上，梯道须与等高线成斜角布置，建筑设计需做特殊处理
悬崖地	100%以上	>45°	车道及梯道布置极困难，修建房屋工程费用大，一般不适于作建筑用地

（3）坐标系统

坐标系统用于确定地面点在该坐标系统中的平面位置及相对尺寸。

在半径不大于 10km 的测区面积内，规定南北方向为 x 轴，东西方向为 y 轴，并选择测区西南角某点为原点（o），建立平面直角坐标系统（或称测量坐标系统），如图 2-3 所示，并确定测图用比例尺，划分方格网，确定图幅编号和分幅。要了解某点 A、B 在该图中的位置，可按作图法直接得到该点坐标，图中地面点 A 的坐标为（x_1，y_1），B 点的坐标为（x_2，y_2），如图 2-3 所示。

（4）高程系统

高程系统用于确定地面点的高程位置。地面上一点到大地水准面的铅垂距离，称为该点的绝对高程，简称高程或标高。我国目前确定的大地水准面采用的是 1985 年国家高程基准。它是青岛验潮站 1953 年至 1977 年长期观测记录黄海海水面的高低变化，并取其平均值确定为大地水准面的位置（高程为零）。以此为基准测算全国各地的高程，对应的高程系统称为黄海高程系（也称绝对标高）。当个别地区引用绝对高程有困难时，也

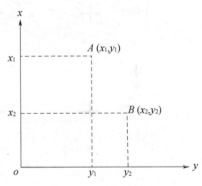

图 2-3 平面直角坐标系统

可采用任意假定水准面为基准面，确定地面点的铅垂距离，称为假定高程或相对高程，对应的高程系统称为假定高程系。

如图 2-4 所示，以黄海高程系测得的 A 点的高程为 H_A，B 点的高程为 H_B；以假定高程系统测得的 A 点的高程为 H'_A，B 点的高程为 H'_B。

（5）方向

方向是指地形图的东南西北各方位。判别地形图方向的方法有两种：一是观察坐标网数值，一般以纵轴为 x 轴，表示南北方向坐标，其值大的一端为"北"；横轴为 y 轴，表示东西方向坐标，其值大的一端为"东"，如图 2-5 所示。另外，地形图上除计曲线上的数字字头朝向地形的高处以外，其余地形标高的数字字头或一般标注字头均朝北向。

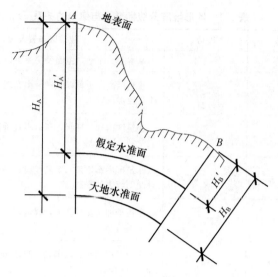

图 2-4 高程系统

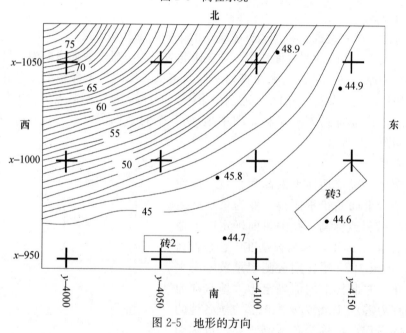

图 2-5 地形的方向

2. 图例

（1）地物符号

地物是指地表上自然形成或人工建造的各种固定性物质，如房屋、道路、铁路、桥梁、河流、树林、农田和电线等。

（2）注记符号

地形图上用文字、数字对地物或地貌加以说明，称为地形图注记，包括名称注记（如城镇、工厂、山脉、河流和道路等的名称）、说明注记（如路面材料、植被种类和河流流向等）及数字注记（如高程、房屋层数等）。

（3）地形符号

地形符号是用来表示地表面的高低起伏状态，地形图上表示地形的方法主要是等高线法。等高线是将地面上高程相等的各相邻点在地形图上按比例连接而形成的闭合曲线，用以表达地貌的形态。

2.1.2 气候条件

气候是地球上某一地区多年时段大气的一般状态，是该时段各种天气过程的综合表现。气候条件是依据各地的观测统计资料及实际气候状态来确定的。建设场地所处环境的气候条件对创造适宜的工作和生活环境来说，是至关重要的。良好的自然环境可使人们心旷神怡、增加美感。不良的自然环境会影响人们生产、工作、生活，甚至给人们带来灾难，影响人们生存。

影响场地设计与建设的气象要素主要有风象、日照、气温和降水等。

1. 风象

风象包括风向、风速和风级。

（1）风向

风是空气的水平运动，是一个用方向（风向）和速度（风速）表示的矢量（或称向量）。风向是指风吹来的方向，一般用 8 个或 16 个方位来表示，每相邻方位间的角度差为 45°或 22.5°。其方位也可以用拉丁文缩写字母表示，如图 2-6 所示。当风速小于 0.3m/s 时，风是空气相对于地面的运动。气象上的风向则一律视为静风（用拉丁文缩写字母 C 表示），不区分方位。

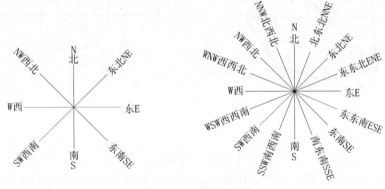

图 2-6　风向方位图

风向在一个地区里，不是永久不变的。在一定的时期里（如一月、一季、一年或多年）累计各风向所发生的次数，占同期观测总次数的百分比，称为风向频率，即：风向频率＝（该风向出现的次数/风向的总观测次数）×100%。风向频率最高的方位称为该地区或该城市的主导风向。掌握当地主导风向，便于合理安排建筑物，使其利于通风或将有污染的部分安排在下风向，以便创造好的环境。

（2）风速和风级

风速，在气象学上常用空气每秒钟流动多少米（m/s）来表示风速大小。风速的快慢，决定了风力的大小，风速越快，风力也就越大。风级，即风力的强度。根据地面物体受风力影响的大小，人为地将其分成若干等级，以表示风力的强度。

（3）风玫瑰图

风玫瑰图是表示风向特征的一种方法。它又分为风向玫瑰图［图 2-7（a）］、风向频率玫瑰图［图 2-7（b）］、平均风速玫瑰图［图 2-7（c）］和污染系数玫瑰图［图 2-7（d）］等。常用的是风向频率玫瑰图，通常简称为风玫瑰图。

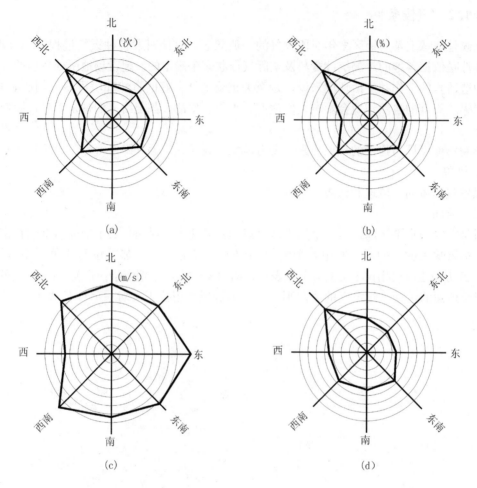

图 2-7　风玫瑰图

（a）风向玫瑰图；（b）风向频率玫瑰图；（c）平均风速玫瑰图；（d）污染系数玫瑰图

　　风向玫瑰图的同心圆间距代表次数，风向频率玫瑰图的同心圆间距代表百分数，风向玫瑰图和风向频率玫瑰图的图形是相同或相似的，平均风速玫瑰图中同心圆间距的单位为 m/s，污染系数玫瑰图的同心圆间距代表风向频率/平均风速得到的数值。

　　风向频率、平均风速玫瑰图画法：在风向方位图中，按照一定的比例关系，在各方位放射线上自原点向外分别量取一线段，表示该方向风向频率的大小，用直线连接各方位线的端点，形成闭合折线图形，即为风向频率玫瑰图，如图 2-8 中实线围合的图形。以同样的方法，根据某一时期同一个方向所测的各次风的风速，求出各风向的累计平均风速，并按一定的比例绘制成平均风速玫瑰图，如图 2-8 中虚线围合的图形。根据需要，可将风向频率玫瑰图与平均风速玫瑰图合并，如图 2-8 中实线围合的图形和虚线围合的图形所示。

　　在某些情况下，为了更清楚地表达某一地区不同季节的主导风向，还可分别绘制出全年（图 2-9 中粗实线围合的图形）、冬季（12 月至 2 月，见图 2-9 中细实线围合的图形）或夏季（6 月至 8 月，见图 2-9 中细虚线围合的图形）的风玫瑰图。

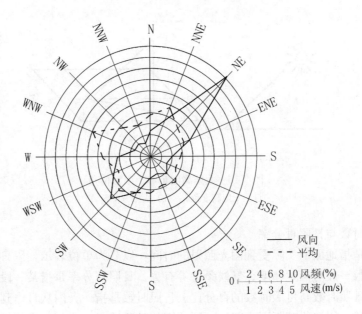

图 2-8 某城市累计风向频率、平均风速玫瑰图

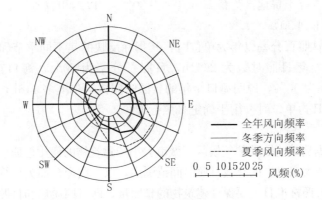

图 2-9 某城市风向频率玫瑰图

2. 日照

日照是表示能直接见到太阳照射时间的量。太阳辐射强度和日照率，随着纬度和地区的不同而不同。分析研究场地所在地区的太阳运行规律和辐射强度，是确定场地内建筑的日照标准、间距、遮阳设施及各项工程热工设计的重要依据。

（1）太阳高度角和方位角

太阳高度角是指直射阳光与水平面的夹角，如图 2-10（a）所示。太阳方位角是指直射阳光水平投影和正南方位的夹角，如图 2-10（b）所示。由于太阳与地球之间的相对运动变化，在地球上某一点观察到的太阳的位置是随着时间有规律地变化的。在这种变化过程中，太阳高度角随之改变。一天之内，日出日落，太阳高度角在正午时最大；太阳方位角正午时为 0°，午前为负值。我国一年之内，冬至日的太阳高度角最小，夏至日的太阳高度角最大。在计算日照间距时，以冬至日或大寒日的太阳高度角和方位角为准。而在同一时间内，纬度低，太阳高度角大，纬度高，太阳高度角小。了解太阳高度角与方位角的变化规律，对于合理确定建筑物之间的距离十分重要。

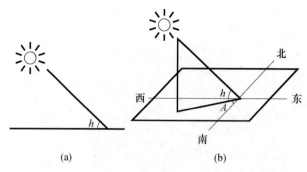

图 2-10　太阳高度角和太阳方位角

（a）太阳高度角 h；（b）太阳方位角 A

（2）日照时数与日照百分率

日照时数是指地面上实际受到阳光照射的时间，以 h 为单位表示，以日、月或年为测量期限。日照时数一般与当地纬度、气候条件等有关。日照百分率是指某一段时间（一年或一月）内，实际日照时数与可照时数的百分比。日照时数是指一天内从日出到日落太阳应照射到地面的小时数，用来比较不同季节和不同纬度的日照情况。我国年平均日照百分率以青藏高原、甘肃和内蒙古等干旱地区为最高（70％～80％），以四川盆地、贵州的东部和北部及湖南西部为最少，不到30％。

当日照时数与日照百分率以年为单位时，其指标反映的是不同季节和不同区域的日照情况。如哈尔滨地区全年日照时数为 2641h，日照百分率为 60％，海口市全年日照时数为2225h，日照百分率为 50％，说明海口全年的日照时间比哈尔滨多 416h，晴天次数较多。

当日照时数以日为单位时，用于确定日照标准。

（3）日照标准

日照标准是根据建筑物所处的气候区、城市大小和建筑物的使用性质确定的，在规定的日照标准日（冬至日或大寒日）的有效日照时间范围内，以底层窗台面为计算起点的建筑外窗获得的日照时间。在日照标准日，要保证建筑物的日照量，即日照质量和日照时间。日照质量是每小时室内地面和墙面阳光投射面积累计的大小及阳光中紫外线的作用。日照时间则按我国有关技术规范规定选用，如居住建筑的日照标准与所处气候分区及所在城市规模有关，如表2-4所示。在城市旧区改造时可酌情降低标准，但不宜低于大寒日日照 1h 的标准；医院病房大楼、休（疗）养建筑、幼儿园、托儿所、中小学教学楼和老年人公寓等建筑的房间冬至日满窗日照的有效时间不少于 2～3h。

表 2-4　住宅建筑日照标准

建筑气候区划	Ⅰ、Ⅱ、Ⅲ、Ⅶ气候区		Ⅳ气候区		Ⅴ、Ⅵ气候区
	大城市	中小城市	大城市	中小城市	
日照标准日	大寒日				冬至日
日照时数（h）	≥2	≥3			≥1
有效日照时间带（h）	8～16				9～15
日照时间计算起点	底层窗台面				

注：1. 建筑气候区划应符合《城市居住区规划设计规范》GB 50180—1993（2002 年版）附录 A 第 A.0.1 条的规定。

　　2. 底层窗台面是指距离室内地坪 0.9m 高的外墙位置。

（4）日照间距系数

在我国有关技术规范中，已知建设场地的纬度，可以直接查得相应的日照间距系数。如哈尔滨市的纬度是北纬 $45°75'$，大寒日日照 2h 的日照间距系数为 2.15。

3. 气温

气温是指大气的温度，表示大气冷热程度的量。气温通常指离地面 $1.25\sim2.0m$ 高处百叶窗内测得的空气温度，单位是℃。由于地球表面所受辐射强度不同，地表气温也不一样，地表气温主要取决于纬度的变化，一般在冬季纬度每增加 $1°$，气温平均降低 1.5℃左右。衡量气温的主要指标有常年绝对最高和最低气温、历年最热月和最冷月的月平均气温等。了解这些指标并对建筑物保温隔热等采取相应措施，以保证建筑物室内有良好、舒适的环境。表 2-5 为哈尔滨和海口两地气温主要指标对照表。

表 2-5 哈尔滨和海口两地气温主要指标对照表

地点		哈尔滨	海口
地理位置		北纬 $45°75'$	北纬 $20°02'$
温度 （℃）	最冷月平均	-24.8	17.2
	最热月平均	22.8	28.4
	极端最高	38	38.9
	极端最低	-52.3	2.8

4. 降水

降水是指云中降落的液态水和固态水，如雨、雪、冰雹等。降水观测包括降水量和降水强度。前者指降到地面尚未蒸发、渗透或流失的降水在地平面上所积聚的水层深度；后者指单位时间的降水量，常用的单位是 mm/10min、mm/h、mm/d。我国大部分地区受季风影响，夏季多雨，且时有暴雨，东南沿海地区还常受台风的影响。反映降水的主要指标有：平均年总降水量（mm）、最大日降水量（mm）、暴雨强度及最大历时等。掌握当地降水量，对于解决排水与防洪至关重要，也是建筑规划必不可少的组成部分。表 2-6 为雨量分级表。表 2-7 为地区降水量划分表。

表 2-6 雨量分级表

降雨等级	现象描述	降雨量（mm）	
		一天内总量	半天内总量
小	雨能使地面潮湿，但不泥泞	$1\sim10$	$0.2\sim5$
中	与降到屋顶上有渐沥声，凹地积水	$10\sim25$	$5\sim15$
大	将雨如倾盆，落地四溅，平地积水	$25\sim50$	$15\sim30$
暴	降雨比大雨还猛，能造成山洪暴发	$50\sim100$	$30\sim70$
大暴	降雨比暴雨还大，或时间长，造成洪涝灾害	$100\sim200$	$70\sim140$
特大暴	降雨比大暴雨还大，能造成洪涝灾害	>200	>140

表 2-7　地区降水量划分表

地带	正常降水量（mm）	地区
丰水带	＞1600	台湾、福建、广东大部、浙江、湖南、广西的一部分，四川、云南、西藏的东南部
多水带	1600～800	淮河、汉水以南广大长江中、下游地区，广西、贵州、四川大部分地区以及东北长白山区
过渡带	800～400	淮河、汉水以北，包括华东、陕西和东北

5. 建筑气候区

为区分我国不同气候区气候条件对建筑影响的差异性，明确各气候区的建筑基本要求，提供建筑气候参数，从总体上做到合理利用气候资源，防止气候对建筑的不利影响，国家制定了《建筑气候区划标准》GB 50178—1993。它以 1 月平均气温、7 月平均气温、7 月平均相对湿度为主要指标将我国划分为 7 个一级建筑气候区，如表 2-8 所示。

表 2-8　建筑气候一级区区划指标

区名	主要指标	辅助指标	各区辖行政区范围
I	1 月平均气温≤−10℃ 7 月平均气温≤25℃ 7 月平均相对湿度≥50％	年降水量 200～800mm 年日平均气温≤5℃的日数≥145d	黑龙江、吉林全境，辽宁大都，内蒙古中、北部及陕西、山西、河北、北京北部的部分地区
II	1 月平均气温−10～0℃ 7 月平均气温 18～28℃	年日平均气温≥25℃的日数＜80d，年日平均气温≤5℃的日数 145～90d	天津、山东、宁夏全境，北京、河北、山西、陕西大部，辽宁南部、甘肃中东部以及河南、安徽、江苏北部的部分地区
III	1 月平均气温 0～10℃ 7 月平均气温 25～30℃	年日平均气温≥25℃的日数 40～110d，年日平均气温≤5℃的日数 90～0d	上海、浙江、江西、湖北、湖南全境，江苏、安徽、四川大部，陕西、河南南部，贵州东部，福建、广州、广东、广西北部和甘肃南部的部分地区
IV	1 月平均气温＞10℃ 7 月平均气温 25～29℃	年日平均气温≥25℃的日数 100～200d	海南、台湾全境，福建南部，广东、广西大部以及云南西部和元江河谷地区
V	7 月平均气温 18～25℃ 1 月平均气温 0～13℃	年日平均气温≤5℃的日数 0～90d	云南大部，贵州、四川西南部，西藏南部的一小部分地区
VI	7 月平均气温＜18℃ 1 月平均气温 0～−22℃	年日平均气温≤5℃的日数 90～285d	青海全境，西藏大部，四川西部，甘肃西南部，新疆南部部分地区
VII	7 月平均气温≥18℃ 1 月平均气温−5～−20℃ 7 月平均气温相对湿度＜50％	年降水量 10～600mm 年日平均气温≥25℃的日数＜120d，年日平均气温≤5℃的日数 120～180d	新疆大部，甘肃北部，内蒙古西部

有关气候条件对场地设计与建设的影响，除上述风象、日照、气温和降水等因素外，还有湿度、气压、雷击、积雪和雾等。主要城镇的风象、日照、温度及湿度、降水、冻土深度与天气现象等以当地有关资料为准。

2.1.3 工程地质、水文与水文地质条件

工程地质、水文与水文地质的依据是工程地质勘察报告。场地设计时，要查阅该项目的工程地质报告，对场地的地质情况有一定了解。

1. 工程地质

工程地质勘察报告中工程地质条件包括以下内容。

（1）地形地貌

调查场地地形地貌形态特征，研究其发生发展规律，以确定场地的地貌成因类型，划分其地貌单元。

（2）地质构造

调查场地的地质构造及其形成的地质时代。确定场地所在地质构造部位，并对其性质要素进行量测，如褶曲类型及岩层产状；断裂的位置、类型、产状、断距、破碎带宽度及充填情况；裂隙的性质、产状、发育程度及充填情况等。评价其对建筑场地所造成的不利地质条件，特别要注意调查新构造活动形迹对建筑场地地质条件的影响。

（3）地层

查明场地的地层形成规律，确定地基岩土的性质、成因类型、形成时代、厚度、变化和分布范围。对于岩层应查明风化程度及地层间接触关系。对于土层应注意新近沉积层的区分及其工程特性。对于软土、膨胀土和湿陷性土等特殊地基土也应着重查明其工程地质特征。

（4）测定地基土的物理力学性质指标

一般包括天然密度、含水量、液塑限、压缩系数、压缩模量和抗剪强度等。

（5）查明场地有无不良地质现象

查明场地有无滑坡、崩塌、泥石流、河流岸边冲刷、采空区塌陷等不良地质现象，确定其发育程度，评价其直接的或可能带来的潜在危害或威胁。

工程地质的好坏直接影响建筑的安全、投资量和建设进度。工程地质条件包括地质结构、构造的特征及其承受荷载的能力。场地设计时，了解该场地地质对工程设计的影响，了解该场地有无冲沟、滑坡、崩塌、断层、岩溶、地裂缝、地面沉降等不良地质现象，了解是否有地下淤泥或软弱地基及其位置，了解当地处理这些问题的常用方法及措施，确定处理地基的经济合理性，合理布置有关建、构筑物，避免将建、构筑物布置在不良地质处，在设计中应采取有效防治措施。

2. 水文与水文地质

水文条件是指江、河、湖、海及水库等地表水体的状况，这与较大区域的气候条件、流域的水系分布、区域的地质和地形条件等有密切关系。自然水体在供水水源、水运交通、改善气候、排除雨水及美化环境等方面发挥积极作用的同时，也可能带来不利的影响，特别是洪水侵患和大型水库水位的变化。如三峡水库大坝建成后，水位上升，库区城镇居民点受淹，就必须迁徙百万居民。

水文地质条件一般指地下水的存在形式、含水层厚度、矿化度、硬度、水温及动态等条件。地下水除作为城市或场地内部的生产和生活用水的重要水源外，对建筑物的稳定性影响很大，主要反映在埋藏深度和水量、水质等方面。工程地质勘察报告要明确地下水分布规律，补给、径流、排泄条件、水质、水量、水的动态变化及其对工程的影响。

当地下水位过高时，将严重影响到建筑物基础的稳定性，特别是当地表为湿陷性黄土、

膨胀土等不良地基土时，危害更大，用地选择时应尽量避开，最好选择地下水位低于地下室或地下构筑物深度的用地，在某些必要情况下，也可采取降低地下水位的措施。

地下水质状况也会影响到场地建设。除作为饮用水对地下水有一定的卫生标准以外，地下水中氯离子和硫酸离子含量较多或过高，将对硅酸盐水泥产生长期的侵蚀作用，甚至会影响建筑基础的耐久性和稳定性。所以在设计时应以地质勘察报告为依据，对场地内的水文地质条件有详尽的了解。

在场地的用地选择时，还应该注意到其地下水位的长年变化情况。有些地方由于盲目、过量开采地下水，使地下水位下降，形成"漏斗"，引起地面下沉，最严重时下沉 2～3m，这会导致江、海水倒灌或地面积水等，给场地建设及今后的使用造成麻烦。

工程地质勘察报告中水文与水文地质包括以下内容：调查地表水体的分布，如河流水位、流向、地表径流条件，查明地下水的类型、埋藏深度、水位变化幅度、化学成分组成及污染情况等必要的水文与水文地质要素。调查地表水及地下水间的相互补给关系和排泄条件、地表水及地下水体历史演变与水文气象的关系，如地表水历史上洪水淹没范围、地下水的历史最高水位等，为设计和施工提供所需的水文与水文地质资料和参数，并做出恰当的评价。

3. 地震

地震是一种危害性极大的自然现象。用以衡量地震发生时震源处释放出能量大小的标准称为震级，共分 10 个等级，震级越高，强度越大。地震烈度是指受震地区地面建筑与设施遭受地震影响和破坏的强烈程度，共分 12 度。1～5 度时建筑基本无损坏，6 度时建筑有损坏，7～9 度时建筑大部分被损坏和破坏，10 度及以上时建筑普遍毁坏。地震烈度有地震基本烈度和地震设防烈度。前者是指一个地区的未来一百年内，在一般场地条件下可能遭遇的最大地震烈度；后者是在地震基本烈度的基础上考虑到建筑物的重要性，将地震基本烈度加以适当调整，调整后的抗震设计所采用的地震烈度。按地震设防烈度做出的设计，在地震时不是没有破坏，而是可以修复。我国属于基本烈度 7～9 度的重要城市可查阅住房和城乡建设部发布的有关地震资料。

从防震观点看，建筑场地可划分为对建筑抗震有利、不利和危险的地段，如表 2-9 所示。

表 2-9　各类地段的划分

地段类别	地质、地形、地貌
有利地段	坚硬土或开阔平坦密实均匀的中硬土等
不利地段	软弱土，液化土，条状突出的山嘴，高耸孤立的山丘，非岩质的陡坡，河岸和边坡边缘，平面分布上成因、岩性、状态明显不均匀的土层（如古河道、断层破碎带、暗埋的塘浜沟谷及半填半挖地基）等
危险地段	地震时可能发生滑坡、崩塌、地陷、地裂、泥石流等及地震断裂带上可能发生地表位错的部位

在地震地区选择建设场地时，应尽量选择对建筑物抗震的有利地段，避开不利地段，并不宜在危险地段进行建设。在建筑布置上，要考虑人员较集中的建筑物的位置，将其适当远离高耸建筑物、构筑物及场地中可能存在的易燃易爆部位，并应采取防火、防爆、防止有毒气体扩散等措施以防止地震时发生次生灾害。应合理控制建筑密度，适当加大建筑之间的间距，适度扩大绿地面积和主干道宽度，道路宜采用柔性路面。

2.2　场地的建设条件

场地的建设条件是相对于自然条件而言的，主要着重于各种对场地建设与使用可能造成影响的人为因素或设施因素。特别是其中的各种地表有形物的数量、分布、构成与质量等状况，包括场地内的全部和场地外的有关设施及其相互关系，如建筑物与构筑物、绿化与环境状况、功能布局与使用需求等等。

场地建设条件的调查分析，常因建设项目的性质与基地自身特点的差异而有不同的内容组成和深度要求。对居住建筑项目而言，周围公共服务设施的分布以及基地内现存绿化、道路、环境状况等极为重要；而对商业建筑项目更侧重于基地及其周边交通状况、空间环境特征等分析。再如，处在城市市区内的场地，应分析周围建筑空间的特征与相关设施的分布，而郊区和郊外的场地，则更注重配套设施的自我完善。

2.2.1　区域环境条件

1. 区域位置条件

场地的区域位置条件是指在区域中的地理位置，分析场地在城市用地布局结构中的地位及其与同类设施和相关设施的空间关系，以及更大区域中城镇体系布局、产业分布和资源开发的经济、社会联系，从中挖掘场地的特色与发展潜力。

区域交通运输条件是制约场地的重要因素，包括区域的交通网络结构、分布和容量，铁路、港口、公路、航空等对外交通运输设施条件以及与区域交通运输的联系与衔接等。这些条件直接影响场地的利用。

2. 环境保护状况

环境状况包括两方面的含义，即环境生态状况与环境公害的防治。前者主要指绿化、环境的优劣以及由此引起的大气、土壤和水等方面的生态平衡问题；后者一般包括"三废"和噪声等问题。场地附近若有这种污染源，将在气候（风、降雨、气温、湿度）、水文（地表水流）等因素作用下，对场地形成不同程度的污染，必须采取相应的防治措施。城市内的噪声主要来自于工业生产、交通和人群活动等，可以通过场地合理的建筑布局，设置绿化防护带，利用地形高差及人工屏障等手段，减少其对场地的干扰。

2.2.2　周围环境条件

场地周围的建设状况是场地建设现状条件的另一重要组成部分，它与场地的功能组织有着直接的联系，必须进行现场调查了解和踏勘。

1. 周围道路交通条件

场地是否与城市道路相邻或相接，周围的城市道路性质、等级和走向情况，人流、车流的流量和流向，是影响场地分区、场地出入口设置、建筑物主要朝向和建筑物的主要出入口确定的重要因素。有时，城市道路横穿场地，将场地分割开来，给场地布局及内部联系造成一定影响。当场地远离城市干道，应了解场地是否有通路与城市干道相连，以及通路是否满足场地未来建设的需要，但无论哪种情况，场地出入口的设置和交通组织都应该首先遵守城乡规划和法规的有关规定，而不能对城市道路交通造成影响。

2. 相邻场地的建设状况

基地相邻场地的土地使用状况、布局模式、基本形态以及场地各要素的具体处理形式，是基地周围建设条件调研的第二个重要组成部分。场地要与城市形成良好的协调关系，必须做到它与环境的和谐统一。第一，应考查相邻场地内建筑的尺度与位置，确定其是否对拟建场地的日照、通风、消防、景观、安全、保密等构成影响；第二，要了解相邻场地各要素的组织布置，也就是要了解相邻场地的基本布局方式、基本形态特征、建筑处理手法以及与拟建场地的边线间距等，以便在未来对拟建场地规划时，能处理好与周围环境的关系。第三，场地中各元素具体形态的处理，应考虑与周围其他同类元素相一致，具体元素的形式、形态的协调也是形成统一环境的有效手段。

3. 特殊的城市元素

有时，市区的场地周围会存在一些比较特殊的城市元素，这些特殊的城市元素对场地设计会有一些特定的影响。例如，基地会临近城市公园、公共绿地、城市广场或其他类型的自然或人文景观，这些因素对场地而言均为外部的有利条件，场地设计尤其是场地布局应对这些有利条件加以借鉴、引申及利用，并应能使场地与这些城市元素形成某种统一和融合关系，使两者均能因对方的存在而获得益处。这些因素同时也可能对拟建场地的建筑高度、层数、建筑形式等有一些约束。

2.2.3 内部建设现状条件

1. 现状建筑物、构筑物情况

（1）场地现有的建筑

一般对待场地内现有建筑的处理方式有采取保留保护、改造利用或全部拆除等几种方式。最终采用哪种方式，要求充分考虑现有建筑情况，不但应注意其朝向、形态、组合方式等特征，而且应该分析其用途、质量、层数、结构形式和建造时间。在此基础上，对基地内现有建筑的经济性、保留的可能性、保护的必要性和再利用的可行性做出客观的评价，进行合理的利用。

（2）场地设施条件

场地设施主要有公共服务设施和基础设施两大类。公共服务设施包括商业与餐饮服务、文教、金融办公等，常因人们的活动规律形成一定结构的社区中心。其分布、配套、质量状况，不仅影响到场地使用的生活舒适度与出行活动规律，也是决定土地使用价值和利用方式的重要衡量条件。基础设施是指基地内现有的道路、广场、桥涵和给水、排水、供暖、供电、电信和燃气等管线工程，特别是有关的泵站（房）、变电所、调压站、热交换站等设施常伴有主干管线的接入，建设周期长、费用大，一般应考虑改造利用。此外，还应分析场地内有无高压线、微波塔等设施分布，了解其电网电压等级和微波传输的方向，并应了解基地上空是否为航空走廊，以便在设计中确定高压线与建筑的距离和微波传输方向及航线的净空要求，确定建筑物布局和建筑物高度。

2. 现状绿化与植被

一般地表植被均需经过一定时间的生长期才能发育成熟，而舒适宜人的场地环境总是离不开适宜的绿化配合，因此，基地中的现存植被视为一种有利的资源，应尽可能地加以利用，特别是在对待场地中的古树和一些独特树种时，更应如此。调研时，对场地绿化要做记录，布置建筑物时，尽可能避开古树和独特树种。

　　3. 社会经济条件

　　在设计前了解建设场地（非耕地时）的社会经济条件，主要是为了掌握基地内人口分布度、拆迁户数、拆迁范围，以确定核算其使用该地段有无经济效益。对就地拆迁安置的居民则涉及拆迁过渡和将来返回时要达到的条件。对异地安置拆迁的单位和住户，则了解他们的要求，帮助他们选择合适的安置地，协商安置条件和补偿办法。掌握这些条件，便于规划建设时给予合理安排，消除其对场地的制约与影响。

　　4. 保护文物古迹

　　了解场地历史变迁，了解该场地是否有文物存在，如有，应及时要求有关文物部门查勘。经查勘，有重大历史价值者，则应保护历史文物或现代文物，必要时，另选基地建设。

2.2.4　市政设施条件

　　在大面积用地建设中，基础设施占有较大的比重，是建设项目正常运营所不可缺少的支撑条件，尤其在相对独立的开发区等地，更是构成投资环境的重要内容之一。

　　场地周围的市政设施条件，主要有道路和供电、给水、排水、电信、燃气及北方地区的供暖等管网线路设施，连同场地平整一起又统称为"七通一平"。其中"平"是指场地已平整；"通"指道路的管线均已通达至场地。这些设施的位置、标高、引线方向和接入点等，对场地中的交通流线组织、出入口位置选择、动力设施分布、建筑物和构筑物布置具有很大影响。因此，与现有设施的关系应处理得当，做到敷设简单、线路短捷、使用方便、降低投资。

　　1. 交通状况

　　道路状况除应了解周围城市道路的性质、等级和走向情况以及人流、车流的流量和流向外，需了解道路的红线宽度和断面形式，与场地适宜连接处的标高、坐标及有无交通限制等；对场地邻铁路，或因为场地需要而与铁路相通者，则要了解铁路接轨点的位置、引线方式及坐标、铁路长度及达到建设场地的合适位置；对临近江湖海的场地，除了要了解码头的位置及标高外，还要了解它们的水位变化及容许进船的吃水深度。

　　2. 给水与排水接入点

　　场地内部供水方式一般有两种：一种是由机械系统管网供给，需了解城市供水管网布置接入点的管径、坐标、标高、管道材料，保证供水的压力和可供水量及其他供水条件等；另一种是自备水源，需了解是水井、泉水、河水取水，还是湖泊、港湾取水，了解水量大小、水质的物理性能、化学成分和细菌含量，是否符合国家所规定的饮用水标准的卫生条件，还要考虑枯水季节水量的供应问题，以及排水季节防洪和净化问题。

　　排水第一要掌握场地所在地段有无排水设施，如有，则应了解其排水方式是雨污分流还是合流，城市管网对其排放污水的水质要求、污水处理条件及容许稀释要求均有相应的条件，城市生活污水是否允许排入河湖。第二要了解排水口的坐标、标高、管径、坡度及排水要求等。第三要掌握场地内排出的水是否允许直接排入城市管道。如排入城市管网时，需了解接入点的管径、坐标、标高、坡度、管道材料和允许排入量。

　　3. 供电与电信接入点

　　需了解电源位置、引入供电线路的方向和到建设地点距离，了解可供电量、电压及其可靠性以及线路敷设方式。同时还需了解场地附近的电信与有线电视广播的线路状况、容量大小以及互联网的建设情况，电信管线设施的接入点的坐标及其容量，以便充分利用城市公共系统设施。

4. 供热与供气接入点

了解城市或区域热源、供热（蒸汽或热水）条件，场地周围供热管网的分布与容量，管道接入点的坐标、高程、管径、压力和温度等。了解城市或区域燃气（煤气或天然气）气源，场地周围供气管网的分布及容量，接入点的坐标、高程、管径和压力等。

5. 基地高程

基地地面高程应按城乡规划确定的控制标高设计。

2.3 场地的公共限制条件

为保证城市发展的整体利益，同时也为确保场地和其他用地拥有共同的协调环境与各自的利益，场地设计与建设必须遵守一定的公共限制。

公共限制条件是通过对场地设计中一系列技术经济指标的控制来实现的。通过对场地界限、用地性质、容量、密度、限高、绿化等多方面指标的控制，来保证场地设计的经济合理性，并与周围环境和城市公用设施协调一致。

2.3.1 用地控制

1. 场地界限

根据我国的建设用地使用制度，土地使用者或建设开发商可以通过行政划拨、土地出让或拍卖等方式，在交纳有关费用并按相应程序办理手续后，领取土地使用证，取得国有土地一定期限的使用权。但这并不意味着取得使用权的土地可以全部用于项目的开发或建设，用地边界还要受到若干因素的限制。

（1）征地界线与建设用地边界线

征地界线是由城乡规划管理部门划定的供土地使用者征用的边界线，其围合的面积是征地范围。征地界线内包括城市公共设施，如代征城市道路、公共绿地等。征地界线是土地使用者征用土地，向国家缴纳土地使用费的依据。

建设用地边界线（简称为用地界线）是指征地范围内实际可供场地用来建设使用区域的边界线，其围合的面积是用地范围。如果征地范围内无城市公共设施用地，征地范围即为建设用地范围；征地范围内如有城市公共设施用地，如城市道路用地（图2-11中阴影表示范围）或城市绿化用地（图2-11中小点表示范围），则扣除城市公共设施用地后的范围就是建设用地范围。

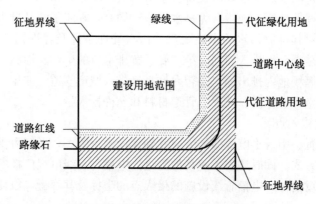

图 2-11 征地范围和建设用地范围

（2）道路红线

1）道路红线与城市道路用地

道路红线是城市道路（含居住区级道路）用地的规划控制边界线，一般由城乡规划行政主管部门在用地条件图中标明。道路红线总是成对出现，两条红线之间的用地为城市道路用地，由城市市政和道路交通部门统一建设管理。

2）道路红线与征地界线

道路红线与征地界线的关系有以下三种：

第一，道路红线与征地界线的一侧重合，如图 2-12（a）所示，表明场地与城市道路毗邻。这是场地与城市道路之间最常见的一种关系。

第二，道路红线与征地界线相交，如图 2-12（b）、（c）所示，表明城市道路穿过场地。此时，场地中被城市道路占用的土地属城市道路用地，不能用于场地内建设项目的建设使用。场地的建设使用范围的道路红线为界线，即扣除城市道路用地后剩余的部分。

第三，道路红线与场地分离，如图 2-12（d）所示，表明场地与城市道路之间有一段距离，这时基地应设置通路与城市道路相连。设置的道路要由建设方单独征用或几个单位联合征用。

3）道路红线对场地建筑的限制

道路红线是场地与城市道路用地在地表、地上和地下的空间界限。建筑物的台阶、平台、窗井、建筑物的地下部分或地下建筑物及建筑基础，除场地内连接城市管线以外的其他地下管线，均不得突入道路红线。

属于公益上有需要的建筑和临时性建筑，如公共厕所、治安岗亭、公用电话亭、公交调度室等，经当地城乡规划主管部门批准，可突入道路红线建造；而建筑的骑楼、过街楼、空间连廊和沿道路红线的悬挑部分，其净高、宽度等应符合当地城乡规划部门的统一规定，或经规划部门的批准方可建造。

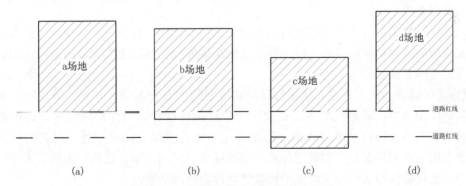

图 2-12　道路红线与征地界限的关系

（a）道路红线与征地界限重合；（b）道路红线与征地界限相交；

（c）道路红线分割场地；（d）道路红线与场地分离

（3）建筑红线

建筑红线也称建筑控制线，是建筑物基底位置的控制线，是基地中允许建造建筑物、构筑物的基线。实际上，一般建筑红线都会从道路红线后退一定距离，用来安排台阶、建筑基础、道路、广场、绿化及地下管线和临时性建筑物、构筑物等设施。当基地与其他场地毗邻时，建筑红线可根据功能、防火、日照间距等要求，确定是否后退用地界线。对于场地中建

筑物的布置与相邻场地的关系,《民用建筑设计通则》GB 50352—2005 中有如下规定:

1) 沿建筑基地周边建设的建筑物与相邻基地边界线之间应按建筑防火和消防等要求留出空地或道路。当建筑前后自己留有空地或道路,并符合建筑防火规定时,则相邻基地边界线两边的建筑可毗连建造。

2) 本基地内建筑物和构筑物均不得影响本基地或其他用地内建筑物的日照标准和采光标准。

3) 除城乡规划确定的永久性空地外,紧贴基地用地红线建造的建筑物不得向相邻基地方向设洞口、门、外平开窗、阳台、挑檐、空调室外机、废气排出口及排泄雨水。

相邻场地南北建筑之间的距离,应不小于与日照标准相对应的日照间距。在一般情况下,多层建筑控制线应沿征地界线后退日照间距的一半为宜,特别是位于南向的用地。高层建筑则要保证北向楼房底层窗台面冬至日照最少 1h 的基本要求。

(4) 城市蓝线

城市蓝线是指城市规划确定的江、河、湖、库、渠和湿地等城市地表水体保护和控制的地域界线。

《城市蓝线管理办法》规定,在城市蓝线内禁止进行下列活动:违反城市蓝线保护和控制要求的建设活动;擅自填埋、占用城市蓝线内水域;影响水系安全的爆破、采石、取土;擅自建设各类排污设施;其他对城市水系保护构成破坏的活动。

(5) 城市绿线

城市绿线是指城市各类绿地范围的控制线。

《城市绿线管理办法》规定,城市绿线内的用地,不得改作他用,不得违反法律法规、强制性标准以及批准的规划进行开发建设;有关部门不得违反规定,批准在城市绿线范围内进行建设;因建设或其他特殊情况,需要临时占用城市绿线内用地的,必须依法办理相关审批手续;在城市绿线内,不符合规划要求的建筑物、构筑物及其他设施应当限期迁出。

(6) 城市紫线

城市紫线是指国家历史文化名城内的历史文化街区和省、自治区、直辖市人民政府公布的历史文化街区的保护范围界线,以及历史文化街区外经县级以上人民政府公布保护的历史建筑的保护范围界线。

《城市紫线管理办法》规定,禁止违反保护规划的大面积拆除、开发;禁止对历史文化街区传统格局和风貌构成影响的大面积改建;禁止损坏或者拆毁保护规划确定保护的建筑物、构筑物和其他设施;禁止修建破坏历史文化街区传统风貌的建筑物、构筑物和其他设施;禁止占用或者破坏保护规划确定保留的园林绿地、河湖水系、道路和古树名木等;禁止其他对历史文化街区和历史建筑的保护构成破坏性影响的活动。

(7) 城市黄线

城市黄线是指对城市发展全局有影响的、城市规划中确定的、必须控制的城市基础设施用地的控制界线。

《城市黄线管理办法》确定的城市基础设施包括:城市公共汽车首末站、出租汽车停车场、大型公共停车场;城市轨道交通线、站、场、车辆段、保养维修基地;城市水运码头;机场;城市交通综合换乘枢纽;城市交通广场等城市公共交通设施;取水工程设施和水处理工程设施等城市供水设施;排水设施;污水处理设施;垃圾转运站、垃圾码头、垃圾堆肥厂、垃圾焚烧厂、卫生填埋场(厂);环境卫生车辆停车场和修造厂;环境质量监测站等城市环境卫生设施；城市气源和燃气储配站等城市供燃气设施；城市热源、区域性热力站、热力线走廊等城市供热设施；城市发电厂、区域变电所（站）、市区变电所（站）、高压线走廊等城市供电设施；邮政局、邮政通信枢纽、邮政支局；电信局、电信支局、卫星接收站、微波站；广播电台、电视台等城市通信设施；消防指挥调度中心、消防站等城市消防设施；防洪堤墙、排洪沟与截洪沟、防洪闸等城市防洪设施；避震疏散场地、气象预警中心等城市抗震防灾设施；其他对城市发展全局有影响的城市基础设施。

《城市黄线管理办法》规定，禁止违反城市规划要求，进行建筑物、构筑物及其他设施的建设；禁止违反国家有关技术标准和规范进行建设；禁止未经批准，改装、迁移或拆毁原有城市基础设施；禁止其他损坏城市基础设施或影响城市基础设施安全和正常运转的行为。

2. 用地性质

用地性质即土地的用途，一般以所对应的用地分类代号来表示，详见《城市用地分类与规划建设用地标准》GB 50137—2011 的规定。场地的用地性质一般由城市规划确定，决定了用地内适建、不适建和有条件可建的建筑类型。在场地设计和建设中，须明确城市规划所确定的本场地的用地性质及其相应限制与要求，并根据场地的用地性质进行场地的建设和利用。

一般用地性质是依据基地使用的主要用途来划定的。实际工作中，有些用地（如影剧院、图书馆、长途客运站、医院等）土地使用性质单一，用地功能明确，用地性质便于划分。有些用地存在多种功能，如高等院校，既有教室、实验室、图书馆等教学用房，又有行政办公等办公建筑，更有学生宿舍、单身教工宿舍、教工住宅等居住建筑，还有体育场（馆）、实习工厂等辅助设施与食堂、仓库、汽车队等后勤服务以及附属研究所、设计院等机构，其土地使用性质混杂，但其主要功能是教学。因此，其用地性质属高等学校用地。

2.3.2　交通控制

除国家有关法规、规范对场地的交通组织有较严格的规定以外，城市规划对场地内的交通出入口方位、停车泊位等也做了适当的规定。

1. 基地交通出入口方位

（1）机动车出入口方位

尽量避免在城市主要道路上设置出入口，一般情况下，每个地块应设 1~2 个出入口。

（2）禁止机动车开口地段

为保证规划区交通系统的高效、安全运行，对一些地段禁止机动车开口，如主要道路的交叉口附近和商业步行街等特殊地段。

（3）主要人流出入口方位

为了实现高效、安全、舒适的交通体系，可将人车进行分流，为此规定主要人流出入口方位。

2. 停车泊位数

对于机动车来说，停车泊位数指场地内应配置的停车车位数，包括室外停车场、室内停车库，通常按配置停车车位总数的下限控制，有些地块还规定室内外停车的比例。

对于自行车来说，停车泊位数指场地内应配置的自行车车位数，通常是按配置自行车停车位总数的下限控制。

3. 道路

规定了街区地块内各级支路的位置、红线宽度、断面形式、控制点坐标和标高等。

2.3.3 密度控制

场地使用的密度指场地内直接用于建筑物、构造物的土地占总场地的份额。常见的指标有建筑密度、建筑系数等。密度指标一方面控制场地内的使用效益，另一方面也反映了场地的空间状况和环境质量。

建筑密度是指场地内所有建筑物的基底总面积占场地总用地面积的比例（%），即：

$$建筑密度 = \frac{建筑物的基底总面积}{场地总用地面积} \times 100\%$$

式中，基底总面积按建筑的底层总建筑面积计算。

建筑密度表明了场地内土地被建筑占用的比例、建筑物的密集程度，从而反映了土地的使用效率，建筑密度越高，场地内的室外空间就越少，可用于室外活动和绿化的土地越少，从而引起环境质量的下降。建筑密度过低，则场地内土地的使用很不经济，甚至造成土地浪费，影响场地建设的经济效益。

2.3.4 高度控制

场地内建筑物、构筑物的高度影响着场地空间形态，反映着土地利用情况，是考核场地设计方案的重要技术经济指标。在城市规划中，常常因航空对通信的要求、城市空间形态的整体控制、古城的保护和视线景观走廊的要求以及土地利用整体经济性等原因，必须对场地的建筑高度进行控制，大于 100m 的超高层建筑在城市建设时，需要论证批准后才能建设。另外，建筑高度也是确定建筑物等级、防火与消防标准、建筑设备位置要求的重要因素。

控制场地建筑高度的指标主要有建筑限高、建筑层数（或平均层数）。建筑限高适用于对一般建筑物的控制，建筑层数则主要用于对居住建筑的考核。

1. 建筑限高

建筑限高是指场地内建筑物的最高高度不得超过一定的控制高度，这一控制高度为建筑物室外地坪至建筑物顶部女儿墙或檐口的高度。在城市一般建设地区，局部突出屋面的楼梯间、电梯机房、水箱间及烟囱等可不计入建筑控制高度，但突出部分高度和面积比例应符合当地城市规划实施条例的规定。当场地处于建筑保护区或建筑控制地带以及有净空要求的各种技术作业控制区范围内时，上述突出部分仍应计入建筑控制高度。

2. 建筑层数

这里是指建筑物地面以上主体部分的层数。建筑物屋顶上的瞭望塔、水箱间、电梯机房、排烟机房和楼梯等，不计入建筑层数；对于住宅建筑的地下室、半地下室，其顶板面高出室外地面不超过 1.50m 者，不计入地面以上的层数内。

3. 平均层数

这里是指场地内所有住宅的平均层数。

$$住宅平均层数（层）= \frac{住宅建筑面积的总和（m^2）}{住宅基底面积的总和（m^2）}$$

住宅平均层数是居住建筑场地（居住区或小区）技术经济评价的必要指标，反映着居住建筑场地的空间形态特征和土地使用强度，与密度指标和容量指标密切相关。

2.3.5 容量控制

场地的建设开发容量反映着土地的使用强度，既与业主对场地的投入产出和开发收益率直接相关，又与公众的社会效益、环境效益密切联系，是影响场地设计的重要因素。最基本的容量控制指标是容积率，此外还有建筑面积密度和人口密度等。

1. 容积率

容积率是指场地内总建筑面积与场地用地总面积的比值，是一个无量纲的数值。容积率中的总建筑面积通常不包括±0.00以下地下建筑面积。

$$容积率＝\frac{总建筑面积（m^2）}{场地总用地面积（m^2）}$$

容积率是确定场地的土地使用强度、开发建设效益和综合环境质量高低的关键性综合控制指标。容积率高，说明或密度大，或层数多。如容积率过高，会导致场地日照、通风和绿化等空间减少，过低则浪费土地。通常，在土地审批时或在控制性详细规划中，规划管理部门可给出该地段的容积率限制，这是必须严格遵守的。

有些城市在规划管理中，制定了场地容积率的奖励措施。当场地建设为城市公益事业做出贡献时，如无偿提供公共性设施（一定面积的公共绿地或公共停车场等）或无偿负担场地周围公共设施（道路或绿化等）用地的征地及拆迁工作等，可在原规划控制容积率的基础上，再奖励增大一定幅度，其范围一般为20%～70%不等。

2. 人口毛密度与人口净密度

人口毛（净）密度是指城市居住区规划设计中考察场地内每万平方米居住（住宅）用地上容纳的规划人口数量，即：

$$人口毛（净）密度（人/hm^2）＝\frac{规划人数（人）}{居住（住宅）用地面积（hm^2）}$$

人口毛（净）密度能够较全面地反映居住区的整体人口密度状况和土地利用效益，具有良好的可比性，在我国沿用已久，被列为居住区规划设计的必要技术经济指标。

2.3.6 绿化控制

场地绿化用地的多少影响着场地的空间状况，绿化植被的好坏直接决定了场地的环境质量，是评价场地设计方案的一个重要方面。一般新建和扩建工程应包括绿化工程的投资和设计，场地绿化指标应符合当地城乡规划部门的规定。

对场地而言，一般常用的绿化控制指标有绿地率和绿化覆盖率。

1. 绿地率

绿地率是指场地内绿化用地总面积占场地用地面积的比例。

$$绿地率＝\frac{绿化用地总面积（m^2）}{场地总用地面积（m^2）}×100\%$$

场地内的绿地包括公共绿地、专用绿地、防护绿地、宅旁绿地、道路红线内的绿地及其他用以绿化的用地等，但不包括屋顶、晒台的人工绿地。

公共绿地面积的计算起止界限一般为：绿地边界距房屋墙脚1.5m，临城市道路时算到道路红线，临场地内道路时，有控制线的算到控制线，道路外侧有人行道的算到人行道外侧线，否则算到道路路缘石外侧，临围墙、院墙时算到墙脚。但不应包含宅旁（宅间）绿地以及建筑标准日照、防火等间距内或建筑四周附属的零散、小块绿地。

绿地率是调节、制约场地的建设开发容量，保证场地基本环境质量的关键性指标，又具有较强的可操作性，应用十分广泛。它与建筑密度、容积率成反向相关关系；正是通过这几项指标的协调配合，在科学、合理地限定土地使用强度的同时，有效地控制了场地的景观形态和环境质量。

《城市居住区规划设计规范》GB 50180—1993（2002年版）中规定：居住区内公共绿地的总指标，组团不少于0.5m²/人，小区（含组团）不少于1m²/人，居住区（含小区与组团）不少于1.5m²/人。以哈尔滨市为例，2014年6月20日哈尔滨市第十四届人民代表大会常务委员会第十五次会议通过、2014年8月14日黑龙江省第十二届人民代表大会常务委员会第十三次会议批准的《哈尔滨市城市绿化条例》中规定：建设项目城市绿化用地面积占建设项目用地总面积的比例应当符合下列规定：新开发建设的居住区不低于30％，旧城改造建设的居住区不低于25％；医院、疗养院、学校、机关团体不低于35％；交通枢纽、商业中心不低于20％；产生有毒、有害气体、粉尘等污染物的单位不低于30％，并设置宽度不少于50m的防护林带；新建城市道路红线宽度在50m以上的，不低于30％；红线宽度在40m以上至50m以下的，不低于25％；红线宽度在30m以上至40m以下的，不低于20％；红线宽度在30m以下的，根据实际合理安排。

2. 绿化覆盖率

场地内，植物的垂直投影面积占场地用地面积的百分比，称为场地的绿化覆盖率，即：

$$绿化覆盖率（\%）=\frac{植物的垂直投影面积（m^2）}{场地总用地面积（m^2）}\times100\%$$

在统计植被覆盖面积时，乔、灌木按树木成材后树冠垂直投影面积计算（与树冠下土地的实际用途无关），多年生草本植物按实际占地面积计算，但乔木树冠下的灌木和多年生草本植物不计算，也不包括屋顶、晒台上的人工绿化。作为评价场地绿化效果的一项指标，绿化覆盖率能够直观而清晰地反映场地的绿化状况。但因其统计测算工作较为繁杂，在实践应用中受到一定限制。

对于树木、花卉、草坪混植的大块绿地及单独的草坪、绿地及花坛等，按绿地周边界限所包围的面积计算。对于道路绿地、防护绿地等难以确定明确边界的点状或线状栽植的乔、灌木绿地，可按表2-10的规定计算。

表2-10　绿化用地面积计算表

植物类别	用地计算面积（m²）	植物类别	用地计算面积（m²）
单株大灌木	1.0	单株乔木	2.25
单株小灌木	0.25	单行乔木	1.5L
单行绿篱	0.5L	多行乔木	(B+1.5) L
多行绿篱	(B+0.5) L		

注：L—绿化带长度（m）；B—总行距（m）。

2.3.7　建筑形态

为保证城市整体的综合环境质量，创造各具特色、富有情趣、和谐统一的城市面貌，在较准确地把握场地与城市整体空间环境之间相互关系基础上，常将城市设计对环境空间的构想，抽象为具体的控制指标与要求，从而为场地设计提供可操作的设计准则与引导。

建筑形态控制主要针对文物保护地段、城市且在区段、风貌街区及特色街道附近的场地，并对用地功能特征、区位条件及环境景观状况等提出不同的限制要求。例如：对城市广场周边场地，侧重于空间尺度和建筑体形、体量的协调控制；对特色商业街两侧的场地，主要控制烘托商业气氛的广告、标志物及宜人的空间尺度；对风貌街区内的场地，则重点控制建筑体型、艺术风格与色彩的和谐统一等。

常见的建筑形态控制内容有：建筑形体、艺术风格、群体组合、空间尺度、建筑色彩、装饰小品等。它采用意向性、引导性与指令性结合的控制指标，并强调为建筑师的建筑创作留出充分余地，在实际工作中应根据相关因素进行具体分析。

3 场地总平面设计

【学习目标】了解场地总平面设计的要点，掌握场地分区、建筑布局、交通组织以及总平面定位的基本方法，掌握场地总平面设计的绘图方法。

3.1 总平面设计要点

3.1.1 总平面设计的主要内容

建筑场地的类型按照用途可划分为民用建筑场地、工业建筑场地、交通建筑场地等。建筑场地总平面设计的内容也根据建设项目的性质、规模、类型的不同而略有不同，一般概括为以下几点。

1. 建筑布局

根据所在城市的总体规划及项目的任务要求，结合场地的自然条件和国家的相关法律法规，明确功能分区，合理地组织场地内建筑物、构筑物及各类工程设施之间的空间关系，并确定各自的平面位置。

2. 交通组织

合理的组织场地内的各种流线，包括人流、车流、货流等，以及道路、停车场、广场的设置；结合市政交通，完成对外交通联系与出入口的设置。

3. 竖向设计

根据建筑物或构筑物的使用功能和性质，以及交通线路的技术要求，结合场地的自然条件，拟定场地的竖向设计方案。确定场地内建筑地坪标高和广场等的标高，及其连接关系；确定道路标高和坡度；拟定场地排水系统；计算土石方填、挖工程量；确定必要工程的设置及构筑坎、沟的护砌等。

4. 绿化布置

根据使用者的室外活动需求，合理地组织场地内室外空间环境、环境设施、建筑小品、绿化植物等，有效地降低粉尘污染，隔离噪声，创造良好的生产和生活环境。

5. 管线设置和管网综合

结合市政管网，协调各种室外管线设置及管网综合。根据各专业的管线设计，确定合理的管线敷设方式，合理地进行场地内管线的综合布置，最终确定室外管线在平面和竖向上的位置。

6. 技术经济指标分析

由于各类建筑场地的用途不同，其主要技术经济指标的内容也略有不同。所以根据不同项目类型核算场地总平面设计方案的主要技术经济指标，核定场地的室外工程量及造价，进行必要的技术经济分析和论证。

场地的总平面设计所包含的内容多、范围广，应从场地的地理位置、自然状况、气候条件、相邻建筑、人文环境、水电资源、经济价值以及所涉及的法律、法规、契约手续、地界划分、使用年限等多方面综合考虑，合理地进行总平面设计。

3.1.2　总平面设计的特点

1. 综合性

场地总平面设计是一项综合性很强的工作，涉及城镇规划、环境保护、环境美学、环境心理学、行为心理学、生态学、经济、社会等学科内容。各学科之间相互联系、相互制约，共同构成一个综合内容体系。总平面设计工作包括道路设计、竖向设计、管线综合及其他工程技术内容；同时，总平面设计工作又受到建设项目场地自然条件、性质、规模、功能等因素的制约与影响。所以，场地总平面设计必须从全局出发，综合考虑各矛盾和问题之间的关系，才能取得较理想的设计成果。

2. 政策性

场地总平面设计是对场地内各种工程建设的综合布置，直接关系到该项目的使用效果、建设费用、建设速度等，涉及城市规划、市政工程，甚至政府的计划等有关方面问题。建设项目要符合所在地域、城市、乡镇的总体规划。建设项目的性质、规模、标准及用地指标等，在考虑经济、技术的同时，更要以相应的国家法规、方针政策为依据。

3. 地域性

每一块场地由于所处的纬度、地区、城市的不同，所具有的自然条件和建设条件也有所差异，所以，在场地总平面设计上应注意与特定的自然环境、建筑环境、地方风俗相呼应，以求形成有地域特点的场地设计。

4. 长久性

一个项目的建设、使用、管理是一个长期性的过程，作为一个项目的设计人员要充分考虑社会生产力的发展、科技的进步对未来用地的影响，考虑场地的后期发展情况，例如改建、扩建等，在场地总平面设计中应体现场地总平面设计的多用性和可持续发展性。

5. 全局性

场地总平面设计的重点是统筹全局，有机地处理好场地内各工程建设的关系与联系。总平面设计是一个关于整体设计的工作，整体利益大于局部利益是整体性的基本准则之一。在实际工作中应避免只注重建筑单体设计，不重视整体布局的错误做法。

3.1.3　总平面设计的要点

（1）场地总平面设计应以该城市的总体规划、分区规划、控制性详细规划，以及当地主管部门提出的规划条件为依据。

（2）场地总平面设计应结合工程特点，使用要求注重节地、节能、节约水资源，以适应建设发展的需要。

（3）场地总平面设计应结合用地自然地形、周围环境、地域文脉、建筑环境，因地制宜地确定规划指导思想，并力求新意、有特色。

（4）场地总平面设计应崇尚原生态，保持自然植被、自然水域、水系、自然景观，保护生态环境。

（5）场地总平面设计应功能分区合理，路网结构清晰，人流、车流、货流组织有序，并对建筑群体、竖向、道路、景观环境、管网敷设进行综合考虑，统筹兼顾。

（6）场地内建筑物布置应按其不同功能争取最好的朝向和自然通风，满足防火和卫生要求。居住建筑、学校教学用房、托儿所、幼儿园、医疗、科研试验室等需要安静的建筑，其场地总平面设计中，应避免噪声干扰。

（7）民用建筑应根据建筑的性质满足其室外场地及环境设计的要求，应功能分区明确，交通流线组织合理，做到人、车的集散顺畅。

（8）建筑物退让用地红线和道路红线的距离应满足规划设计条件和《民用建筑设计通则》GB 50352—2005 的基本要求。

（9）场地总平面的规划应考虑长远发展的目标，必须考虑远近期结合使用，达到技术、经济上的合理性。

（10）场地总平面设计应考虑采取安全及防火、防洪、防海潮、防震、防滑坡等灾害的措施。

3.2　场地分区

场地分区又称功能分区，即按照一定的关系将场地内所包含的内容分成若干区域，各区域之间相互联系、相互制约，共同组成一个有机的整体。场地分区一般从内容组织和用地策划等两个方面进行分区。在进行场地总平面设计的场地分区时，两种分区方法要综合考虑。

3.2.1　内容组织

内容组织分区就是将内容相近、联系密切的工程内容归纳为一区；同时也要将内容差别较大，在使用中会产生相互干扰的工程内容分离开，以此获得场地内较为明确和清晰的结构关系。一般从功能特性、空间特性、场地自然条件三个方面进行分区。

功能特性是进行功能分区的基本依据，是将性质相同、功能相近、联系密切、相互干扰性较小、对环境要求相似的工程内容进行分类、归纳、再组合，以形成若干个功能区域。有时也会根据建筑项目的建设时间段进行分区，例如一期、二期等，如图 3-1 所示。

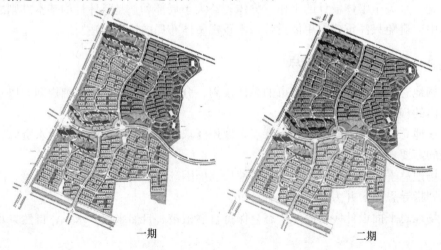

一期　　　　　　　　　　　　　　二期

图 3-1　居住小区分期建设图

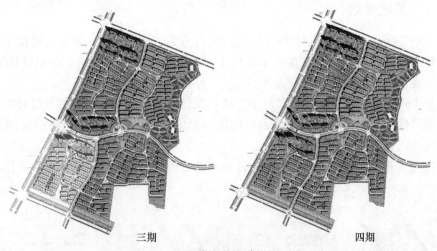

三期   四期

图 3-1　居住小区分期建设图（续）

空间特性是功能分区的根本依据，因为不同的功能特性对所需的空间特性也有所差异，一般将性质相同或相近的组团布置，将差异比较大或相互干扰性比较强的工程内容进行隔离设置。多按照动静分区、公私分区、洁污分区、主次关系等来划分各个功能区，如图 3-2 所示。

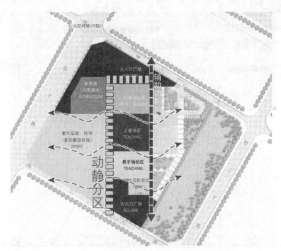

图 3-2　某小学基地空间分区图

场地自然条件一般指地形、地质、气候等，对整个场地总平面设计的功能布局有着重要的影响。例如，由于地形的不规则，客观上则需要将工程内容进行分散布置；地质条件的差别，需要考虑将地质条件好的地段用作建筑用地，对于地质条件不够稳定的区域，则可以考虑设计为绿化用地或一些对地质要求不高的工程用地；气候，如当地季风风向，在项目涉及一些会产生污染的污染源时，就要考虑上风向和下风向的问题。

无论是以哪种方式进行功能分区，各分区之间都是密切相连的，即分区并不是意味着将各功能区截然分离，而是要有机地处理好各分区间的划分状态和相互联系。

3.2.2 用地策划

用地策划分区就是从基地利用的角度出发进行分区，例如将用地划分为建筑用地、广场用地、绿化用地、停车用地等。在实际项目中，用地的情况千差万别，应具体问题具体分析，多采用集中式和均衡式布局形式。

（1）集中式布局多用于基地面积较小、建筑项目内容较单一、功能关系相对明确的场地设计中。即将性质相同或相近、联系密切的用地集中布置，形成相对完整的地块，分区明确，各得其所，如图 3-3（a）所示。

（2）均衡式布局主要针对于建筑项目内容多、功能关系复杂的场地，如图 3-3（b）所示。

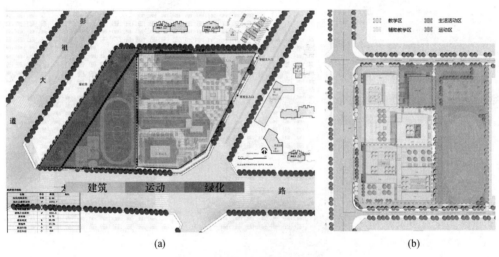

(a)   (b)

图 3-3 某小学用地分区图
（a）集中式布局；（b）均衡式布局

3.3 建筑布局

场地是一个集建筑、绿化、广场、道路等为一体的复杂体系，各部分之间存在着复杂的关系，故在进行场地设计时，每一项内容的组织都会受到其他内容的制约与影响。建筑是场地的主体，场地在一定意义上讲是为建筑而存在的，所以处理好建筑与场地环境之间的关系是场地设计的重点之一。在这种复杂的关系中，建筑往往处于支配地位，因而建筑的布局是处理场地布局问题的关键点。

3.3.1 影响建筑布局的主要因素

建筑的布局主要涉及建筑的布置方式、空间组合、建筑体形、建筑朝向、建筑间距以及与周边环境、道路、管线的协调配合。

（1）建筑布置方式。场地内多个建筑的布置方式根据场地的大小、地貌、地形、环境条件可以选择集中式（图 3-4）、分散式（图 3-5）或组群式。

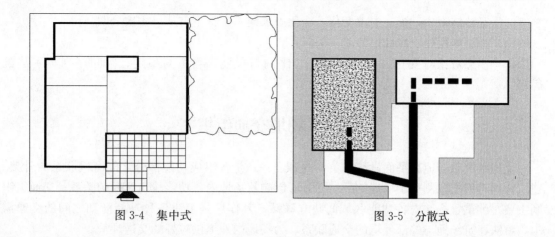

图 3-4 集中式　　　　　　　　图 3-5 分散式

（2）空间组合。场地内建筑空间应富于变化、节奏与韵律，可使之个性突出、效果清新，但应主从分明（图 3-6），平面布局可以规律严整，也可以自由活泼，统一中应有变化。

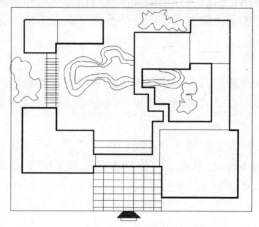

图 3-6 空间组合

（3）建筑体形。虽然建筑的功能可以左右建筑的体形，但只有充分考虑用地条件，并结合地域条件、区位及场地周围环境才能设计出与环境相融合的建筑形体。

（4）建筑朝向。影响建筑朝向的主要因素是日照和季风。由于我国地处于北半球，因此大部分地区最佳的建筑朝向为南向，或南偏东 15°至南偏西 15°范围之内为最佳朝向。严寒和寒冷地区，应尽可能多地获取日照，同时避开冬季不利风向；夏热冬冷地区和夏热冬暖地区，以朝向南为最佳，同时应迎合夏季主导风向。

（5）建筑间距。影响建筑间距的主要因素有日照、通风、防火、防噪、卫生、通行通道、工程设施布置、抗震等。设计时应结合《民用建筑设计通则》GB 5032—2005、《城市居住区规划设计规范》GB 50180—1993（2002 年版）、《建筑设计防火规范》GB 50016—2014 等建筑规范合理布置。

3.3.2 建筑布局原则

（1）与场地取得适宜关系，形成有机建筑。

（2）充分结合场地分区及交通组织。

（3）有整体观念，统一中求变化，变化中求统一，有主有从，主次分明。

（4）注意体现建筑群性格。

（5）注意对比与变化、渗透与层次、比例与尺度、均衡与稳定、空间序列等手法的运用。

3.4 场地交通组织

交通组织是场地总平面设计的主要内容之一，是各组成功能部分之间有机联系的骨架。建筑物的布局主要侧重于场地的区域划分，影响着场地内各功能建筑之间的关系；交通组织则主要是侧重于场地内各功能区域间建立联系。其作用是解决各种功能活动之间的交通需求，解决建筑场地与外部环境的交通联系，为场地内外提供较好的交通环境。

交通组织又可以分为静态交通和动态交通。静态交通就是指停车场、停车库等；动态交通主要包括场地内外的人流、车流。两者互相影响、互相制约。停车场为缓解交通压力，防止占道停车起到一定的作用，同时，停车场是出入口也会对道路交通产生一定的影响。只有两者相互协调，城市交通工具才能发挥其应有的作用。

3.4.1 停车场（库）

随着机动化程度越来越高，汽车的普及率也越来越高，场地内的停车场的设置就显得至关重要。停车场的设置可以有效减轻场地内道路的交通压力，减少交通拥堵。

1. 停车场的分类

（1）按停车方式分。根据车辆进出停车场的运行方式，可分为自行式停车场、机械式停车场。自行式停车场（图3-7）由驾驶员直接将车辆通过平面车道或坡道驶入停车泊位，以实现停车目的。其优点是停、取车方便，缺点是车道占用很大比例的面积。机械式停车场（图3-8）是指车辆的泊入与取出都是利用机械设备的运转来完成的。这种方式可以有效提高土地利用率，且便于管理，但建设费用略高。

图 3-7 自行式停车场

图 3-8 机械式停车场

（2）按所停车辆的性质分。可分为机动车停车、非机动车停车。

（3）按服务对象分。可分为社会停车场、专用停车场、配建停车场。社会停车场的服务范围是区域性的，主要位于中心商业区、主要城市干道沿线、大型公共交通换乘枢纽周边区域。专用停车场是针对一些专业运输部门或某些用车部门（如物流中心、消防队等）的一个重要设施，仅为本部门所属车辆提供泊车服务。配建停车场（图 3-9）是主体建筑的附属设施，其选址、规划都受主体建筑的影响与制约，一般紧邻主体建筑建设。

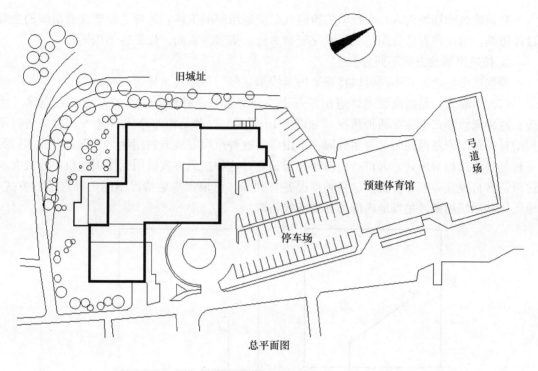

图 3-9　配建停车场

（4）按所停放的车的类型分。可以分为小客车场、城市公交车场、货车场。

（5）按停车空间的类型分。可分为露天停车场、车库。停车空间无遮挡，或由于场地紧张，建造开敞多层停车的构筑物都称为停车场。凡停车在建筑物内，无论地上或地下都称为车库。

　　2. 停车场的选址与设计应注意的问题

（1）总体规划。停车场到出行目的地的距离是泊车者选择停车场时首先要考虑的问题。泊车者都希望停车点到目的地的距离越短越好。所以应从整体规划的层面划定停车场的服务区域。停车场的选择要求布局合理，规模适中，与周边的停车需求相适应，既要满足周边需求，又要考虑周边道路的容量。

（2）机动车可达性。是指机动车到达停车场地的难易程度。可达性越强，停车场的利用率就越高。同时，停车场的设置应与周边交通情况相协调，符合交通组织的需要。例如，A停车场紧邻主要道路，位置醒目，交通便捷；B停车场位置相对偏僻，不易找寻，道路曲折。很显然，A停车场的利用率就会高于 B停车场。

（3）通行能力。是指到达停车场的道路交通状况。这个必须考虑建成停车场对原有道路的附加交通压力，并且要考虑由于等待停车排队车辆所需的附加空间。例如，原道路交通压力一般，但停车场建成后，进出停车场车辆带来的交通负荷可能会使原有交通瘫痪。所以在停车场选择时必须考虑是否有加宽道路的空间。

（4）场地的利用情况。场地规划初期应对用地情况进行深入的调研，对于一些不适宜用于建设荷载很大的建筑的用地（如地质构造不稳定区域）可以考虑停车场的设置。

3.4.2 交通流线

交通流线即场地内人、车行动的轨迹，是交通组织的主体，体现了场地交通组织的主要设计思路。场地内各部分间的交通状况复杂多样，流量、流向、性质各不相同。

1. 按进出场地方式不同分类

根据进出场地方式不同可以将场地内流线形式分为尽端式、环通式两种。

（1）尽端式。是指流线主体进出某一个空间只有一条路线，流线的起点和终点区分明确。这种流线形式也存在两种情况，如图 3-10 所示。一种是由一个入口进入，后又通向不同的目的地，原路返回时又会回到同一个出口，这种组织方式节约用地，节省建设成本；另一种是各流线相对独立，入口、出口都相对独立，这种组织方式适用于使用性质差异较大的情形，各自独立，互不干扰。这两种情况各有利弊，可根据场地情况不同选择合适的方式，也可以共同使用来满足场地内部的多种流线需求。

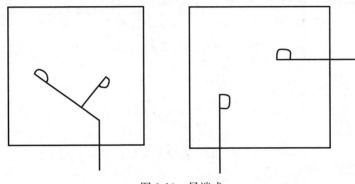

图 3-10　尽端式

（2）环通式。这种流线形式可以从场地的一端进入由另一端离开，各流线互相连通，终始点并无明确的界限。这种交通流线形式灵活、方便，易于交通组织。如图 3-11 所示，环通式又分两种情形。第一种情况是各交通流线在场地内形成一个环状结构，使场地的各出入口联系起来；第二种情况是道路将各个入口直接连通，形成通过式。环通式交通流线系统使场地内外交通联系便捷，避免流线迂回，有效地提高了交通效率。但同时带来的弊端就是各功能区间干扰性大，所以必须重视各功能区出入口的设置和环通流线的组织，降低相互干扰的几率。

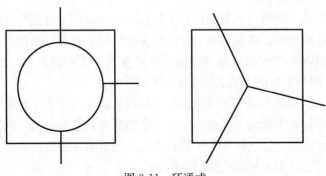

图 3-11　环通式

2. 按场地使用对象及建筑性质分类

场地的使用对象及建筑的性质决定了场地内流线的多样性。例如长途客运站建筑场地内的流线：进站人流、出站人流、进站长途客运车流、出站长途客运车流、进站物流、出站物流等等；居住区场地内的流线：人流、车流等。基于场地中各种流线的性质，可以分为合流式和分流式。

（1）合流式。即将不同性质的交通流线合并考虑，由一套交通系统来实现。例如居住区规划场地内可采用中间机动车道、两侧附设人行步道的形式来实现合流。既可以降低道路建设成本，又可以节约用地。但人车混流，在一定程度上对人身安全有一定的威胁，所以这种组织形式一般适用于用地规模较小、场地交通量较小或流线组成单一的情况。

（2）分流式。即不同性质的交通流线各自独立，各流线用途转移，互不干扰。这种交通组织形式的流线划分细致，有效地保证了各自流向的通畅性，但道路系统造价较高，对场地面积要求较高。所以分流式流线组织一般适用于场地较大、流线种类繁多，且各流线性质要求差异较大的项目中。例如大型综合性医院、体育中心等项目。

3.5 总平面定位

3.5.1 总平面定位的图示内容

（1）场地位置。通过现场踏勘，并结合城市测绘图计算用地范围的坐标值，以此标注用地边界范围。

（2）新建建筑物、构筑物的定位。总平面建筑物、构筑物的定位应以测量地形图坐标定位。其中建筑物以轴线定位时，有弧线的建筑物应标注圆心坐标及半径。如以建筑物相对尺寸定位时，应以建筑物外墙面之间的距离尺寸标注。

（3）新建建筑物的室内外标高。我国地形等高线是以青岛市外的黄海平均海平面作为零点高程，所测定的高度尺寸，单位为 m，称为绝对标高。在场地总平面图中，用绝对标高表示高度数值。

（4）相邻有关建筑的位置或范围。原有建筑用细实线框表示，并在线框内用数字标出建筑层数。拟建建筑物用粗实线表示。

（5）场地内道路、停车场、管线的位置。道路、管线应以中心线定位。停车场应以停车边界坐标定位。

（6）指北针或风向频率玫瑰图。指北针用来确定新建房屋的朝向。风向频率玫瑰图是根据某一地区多年统计各个方向平均吹风次数的百分数值，按一定比例绘制的，是新建房屋所在地区风向情况的示意图。由于风向玫瑰图也能表明房屋和地物的朝向情况，所以在已经绘制了风向玫瑰图的图样上不必再绘制指北针。

（7）附近的地形地貌。如等高线、道路、水沟、河流、池塘、土坡等。

（8）绿化规划、广场的设置。

（9）道路（或铁路）和明沟等的起点、变坡点、转折点、终点的标高与坡向箭头。

3.5.2 总平面定位的标注方法

在场地总平面设计中，一般采用坐标定位法、相对距离法、方格网定位法等对场地内的建筑物、构筑物、工程管线、道路等进行准确定位，并以此作为施工及管理的技术依据。

1. 坐标定位法

坐标定位法是一种基于地形图测量坐标系统的场地总平面定位法，用坐标定位法确定用地边界、建筑物和道路控制点的平面位置，设计精度较高。坐标计算以地形图的测量坐标系统为依据，当场地面积大、项目的组成部分众多时，为简化计算，也可以建立建筑坐标系（即假设坐标系统）。建筑坐标系统仅限于在本工程项目内部使用，是供工程建筑物施工放样使用的一种平面直角坐标系。其坐标轴与建筑物主轴线一致或平行。规定纵坐标为 A 轴，向上为正，向下为负；横坐标为 B 轴，向右为正，向左为负。坐标网呈方格网状，间距一般为 100mm×100mm。其数值的标注，字头朝向增量方向。建立建筑坐标系统后，必须给出建筑坐标系统与测量坐标的换算关系公式。

2. 相对距离法

相对距离法可以直观地表达建筑物、构筑物、道路等之间的相对位置关系，但设计精度较低。一般在建筑物、道路控制点以坐标定位法标注之后，用来对场地内的其他内容进行定位。例如用管网中心线至建筑物外墙（外墙轴线或外墙面）的相对距离来定位管网的位置。同时，也可标注建筑物与建筑物之间的相对距离、建筑物与围墙之间的相对距离等。

3. 方格网定位法

方格网定位法一般用于对定位准确率要求不太高的位置。例如绿化中形式比较自由，曲率没有规律的曲线园路、人工水面、植物篱墙等。这种标注方法比较直观。该方法以邻近建筑物或道路的长、短边作为参照物，平行或垂直布置，并通过某已知点的坐标对方格网的起点或终点进行定位。方格网的边长尺寸，根据所标定实物的尺度来确定，并在图中注明。

3.6 场地总平面设计实例

文化馆是国家最基层的文化事业机构，是乡镇政府、城市街道办事处所设立的、供当地群众进行各种文化娱乐活动的场所。某市根据城市发展需要，在该市文化一条街的改造中拟建区级文化馆一座，为市民提供丰富的文化生活。

3.6.1 选址要点

（1）省、市群众艺术馆，区、县文化馆宜有独立的建筑基地，并应符合文化产业和城市规划的布点要求。

（2）基地应邻近城镇道路、广场或空地，便于群众活动的地段。

（3）环境优美，远离污染源。

3.6.2 总平面功能关系

文化馆主要包括群众活动区、学习辅导区、专业工作区、行政管理区等几大功能分区。如图 3-12 所示，该类建筑用房在设计时应考虑空间的适应性和多样性的使用要求，根据规模的大小，可以考虑增减或合并，以便于分区使用和统一管理。群众活动区和专业工作区联系相对比较薄弱，其他各功能区之间联系相对比较密切。但在总体布局时应注意动静分区，并应考虑如何避免大空间密集厅室人流对其他空间的干扰性。

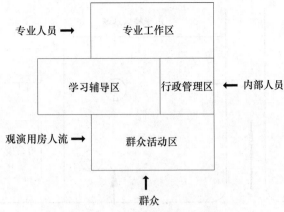

图 3-12　文化馆总平面功能关系

3.6.3　总平面设计要点

（1）基地根据功能需要，至少应设两个出入口。

（2）基地内应设置机动车和非机动车停放场地，并应根据文化馆的功能特点设置画廊、橱窗等宣传设施。

（3）功能分区明确，交通流线组织合理。

（4）各分区之间联系密切，以便综合使用。

（5）当文化馆建筑用地临近住宅、托幼、医疗、涉老类建筑时，馆内噪声较大，厅室布置应尽量选择远离上述建筑的位置，并采取相应的减噪措施。

（6）馆内少儿类、老年类用房的位置应选择当地最佳朝向，并且出入方便、安全。

3.6.4　案例分析

图 3-13 中，要求根据提供的建筑单体参考平面，在基地内合理布置。另根据需要设置门厅，其面积根据总平面的组合情况决定。建筑分别退南侧道路 15m，退西侧道路 12m，退分界线 7m。标出主入口，简单布置道路和绿化。

分析：该基地双面临街，故两条道路上均设一个基地入口；城市中心位于基地西南方向，考虑到主要人流方向，主入口开设在两条道路上均可，但由于基地北侧有小学，考虑到基地西侧道路的交通压力，故主入口应设在南侧道路上，如图 3-14所示。

根据设计要求，新建建筑需退让分界线及道路红线相应的距离（图 3-15），并

图 3-13　基地平面图

应考虑避免道路交叉口交通视线干扰问题，同时，由于古树需要保护，宜以古树为中心形成内院或景观广场，故该基地内的建筑用地的范围即为图 3-16 中斜线部分所示。

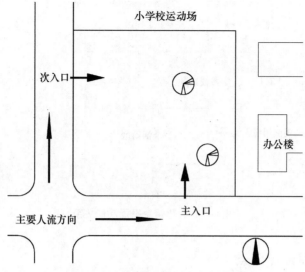

图 3-14　交通流向分析及出入口选择

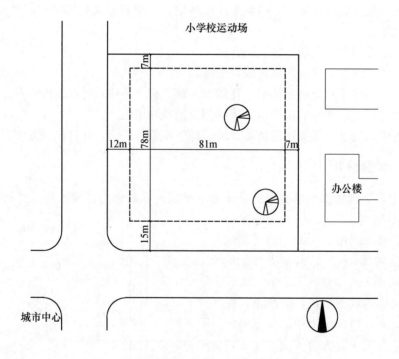

图 3-15　建筑退让界限

　　根据动静分区的原则把各个建筑功能单位分为两组：一组是相对比较嘈杂，容易产生噪声的建筑空间，如观演厅、排练厅、活动用房等；一组是相对比较安静，容易被噪声干扰的建筑空间，如展览、学习等空间；办公等处于两者之间。考虑到观演厅、排练厅空间较大，活动用房、展览、学习、办公等用房空间相对较小，并结合基地内建筑可用地范围特点，故将空间大、干扰性强的观演厅和排练厅等布置在基地西侧；空间小，相对安静的功能用房布置在基地东侧，如图 3-17 所示。

平面功能细化，标注出主要出入口、道路、绿化。完成文化馆总平面布置，所图 3-18 所示。

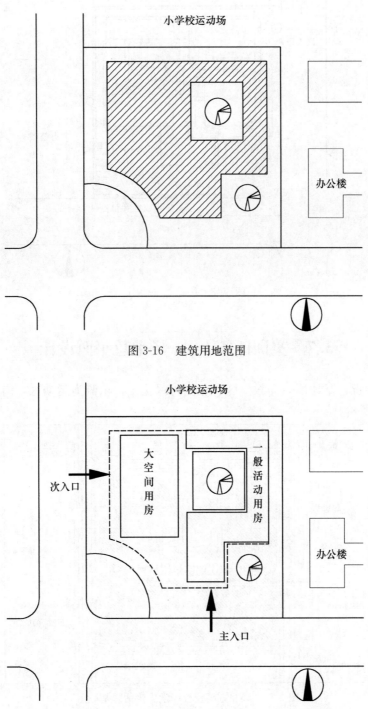

图 3-16　建筑用地范围

图 3-17　建筑功能分区

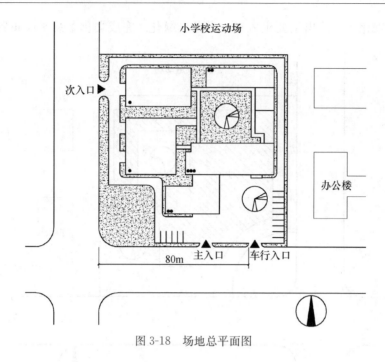

图 3-18　场地总平面图

3.7　实训任务 1——场地总平面设计

（1）基地概况：基地西侧为教学区，北侧为绿化区，东侧为运动区，南侧为学生公寓区，如图 3-19 所示。

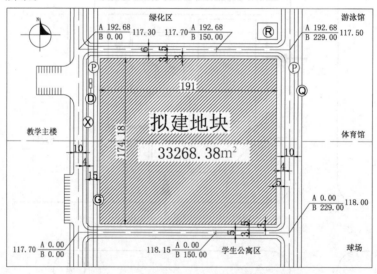

图 3-19　某北方高校校园学生生活区基地图

（2）设计条件：在基地内建一座食堂（8000m²，三层，局部可四层），一座学生活动中心（5000m²，三层），二～四栋学生公寓（28000m²，六层）；地块周围两条南北向道路车行道宽均为 10m，红线 18m，东西向车行道宽 5m，红线 12m。

（3）设计要求：根据已知的设计条件对建筑、道路进行合理的布局，并对建筑和道路进行定位。

　　某北方高校校园学生生活区场地总平面图和定位图如图 3-20、图 3-21 所示。

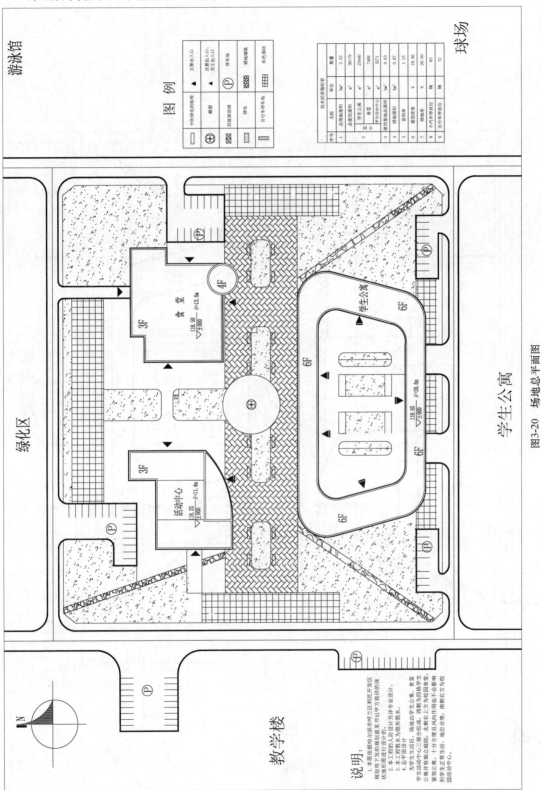

图3-20　场地总平面图

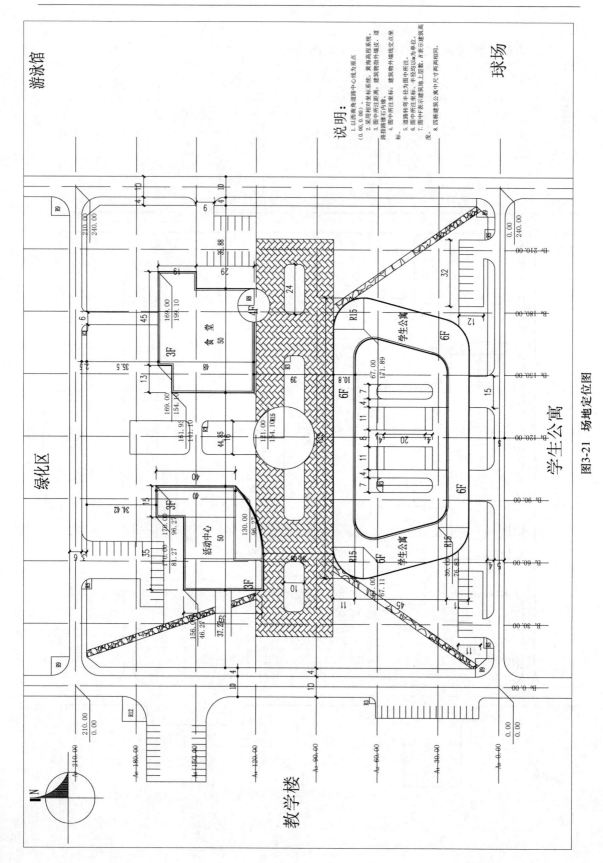

图3-21 场地定位图

4 场地道路及停车场设计

【学习目标】了解场地道路技术标准，掌握场地道路设计和停车场设计的基本方法和绘图方法。

道路设计是场地设计的重要组成部分之一，道路设计合理与否，直接影响总体布局是否满足功能要求、用地是否节省、投资是否经济等。尤其是在大规模群体建筑的坡地场地设计中，道路设计更是一项非常重要的设计工作，故必须了解场地道路的技术标准，合理布置道路交通线路，使之发挥最大效能。

4.1 场地道路技术标准

4.1.1 道路分类

道路既是场地的骨架，又要满足不同性质的使用要求。道路有各种类型，其交通特征、功能作用、服务对象与要求均不相同。

公共建筑场地往往与城市道路毗邻，城市道路的设计情况直接影响场地设计，因此，要充分了解城市道路的设计情况。

场地道路的设计车速低，一般为 15~25km/h，其设计标准与城市道路有所不同，场地道路的功能、分类取决于项目的规模、性质等因素，根据其功能可划分如下。

1. 主干道

主干道是连接场地主要出入口的道路，是场地道路的基本骨架，属全局性的主要道路，通常交通量较大。其典型特征是道路路面较宽，对景观的要求也较高。

2. 次干道

次干道是连接场地次要出入口及各组成部分的道路，与主干道相配合，是主干道的补充。一般路面不宽（7m 左右），交通量不大。

3. 支路

支路是通向场地内次要组成部分的道路，其交通量小，路幅较窄。一般为保证场地交通的可达性及消防要求（路面宽度不小于 4.0m）而设置。平时以步行及非机动车通行为主，有时限制机动车通行。

4. 引道

引道是通向建筑物、构筑物出入口，并与主干道、次干道或支路相连的道路。可根据实际需要确定引道的设置标准，一般应与建筑物、构筑物的出入口宽度相适应；当有机动车通行时，其道路宽度不应小于 3.5m。

5. 人行道

人行道是人通行的道路，包括独立设置的只供行人和非机动车（主要指自行车）通行的步行道，以及机动车道一侧或两侧的人行道。一般民用建筑场地的步行道多兼有休息功能，可与绿化、广场相结合，应有较好的绿化环境。

场地道路的性质、功能等是复杂多样的。一般中、小规模建筑场地中，道路的功能相对简单，可设置一级或二级供机动车通行的道路，以及非机动车、人行专用道等；而大规模场地内的道路可设置三级。

民用建筑场地中的居住建筑场地，其道路有专门的划分标准，与上述不同，可划分为居住区级道路、小区级道路、组团级道路和宅间小路，详见《城市居住区规划设计规范》GB 50180—1993（2002 年版）。

4.1.2　道路技术标准

1. 路面宽度

道路上供各种车辆行驶的路面部分，统称为车行道，其宽度与车道数量有关。场地主干道和次干道应设双车道，供小型车通行的宽度不应小于 6.0m，供大型车通行的宽度不应小于 7.0m；场地支路可以是单车道，宽度是 3.5m 或 4.0m。

为了保证行人安全，一般沿道路两侧或单侧设置人行道，其宽度取决于行人的通行量、行人行走速度及布置地上杆柱和绿化带的宽度等，同时还考虑人行道下埋设地下管线的需要。步行交通需要的宽度为：人行道的宽度等于一条步行带宽度乘以步行带条数。一条步行带的宽度及其通行能力与行人性质、步行速度、动和静的行人比例等有关。在火车站、客运码头及大型商场附近，其宽度约为 0.85～1.0m；一般场地内人行道最小宽度为 1.5m，其他地段最小宽度可小于 1.0m，并可按 0.5m 的倍数递增。

场地内，当主要人流出入口与机动车出入口分设时，要布置单独的人行道。有的居住区设置步行街，还有的在绿地内设置花园。

2. 道路圆曲线及转弯半径

道路中心线在水平面上的投影形状称为道路的平面线形。道路平面线形设计是依据场地道路系统规划、道路性质、等级以及用地现状（地形、地质条件以及现状建筑布局等）确定道路中心线在平面上的具体方向和位置，确定直线线段长度，选定合适的圆曲线半径。当场地道路的车速较大时，设计必要的超高、加宽和缓和路段，进行必要的行车安全视距验算，绘出道路平面设计图。

（1）圆曲线线形

场地道路的平面线型中心线，因受地形、地物的限制和平面构图等要求的影响，均是由直线和圆曲线组合而成的。

圆曲线的形式如图 4-1 所示。其几何要素之间的关系可按下列各式计算：

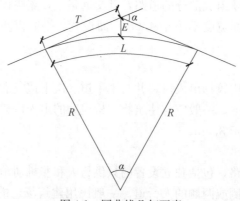

图 4-1　圆曲线几何要素

$$T = R\tan\frac{\alpha}{2} \tag{4-1}$$

$$L = \frac{\pi}{180}R\alpha \tag{4-2}$$

$$E = R\left(\sec\frac{\alpha}{2} - 1\right) \tag{4-3}$$

式中　α——道路偏角，（°）；

　　　R——圆曲线半径，m；

　　　T——切线，m；

　　　L——曲线长度，m；

　　　E——外矢距，m。

已知 α，选定 R，可求出 T、L 和 E 值。

（2）圆曲线半径的选择

场地道路的曲线半径的大小可根据所通行车辆的种类、车速等条件来确定。如果只考虑行车要求，那么采用较大的转弯半径比较有利。场地主干道的曲线半径多取较大值，以保证车辆以一定行驶速度顺畅的转弯。次干道和支路的转弯半径满足最小值即可。道路的转弯半径因车辆的不同种类而各异，根据《厂矿道路设计规范》GBJ 22—1987 规定：场地内道路最小圆曲线半径，当行驶单辆汽车时，不宜小于 15m；当行驶拖挂车时，不宜小于 20m。或者参考《城市道路工程设计规范》CJJ 37—2012 的规定执行，如表 4-1 所示。

表 4-1　圆曲线最小半径表

设计速度（km/h）		100	80	60	50	40	30	20
不设超高最小半径（m）		1600	1000	600	400	300	150	70
设超高最小半径	一般值	650	400	300	200	150	85	40
	极限值	400	250	150	100	70	40	20

（3）圆曲线上的加宽和超高

1）弯道路面的加宽和加宽缓和段

车辆在转弯处行驶时，各个车轮行驶的轨迹是不同的。靠曲线内侧后轮的行驶半径最小，靠曲线外侧前轮的行驶曲线半径最大。所以，车身所占宽度也比直线行驶时大。曲线半径越小，这一情况越显著。为保证汽车在转弯时不侵占相邻车道，在小半径（半径＜250m）的弯道上，车道需要在圆曲线内侧加宽。其加宽值与曲线半径、车型几何尺寸、车速要求等有关。

加宽缓和段是在圆曲线的两端，从直线上的正常宽度逐渐增加到曲线上的全加宽的路段。一般情况下，加宽缓和段长度最好不小于 15～20m。

场地道路的圆曲线上，不一定全部设置加宽，可视条件改用适当加大路面内边线半径的办法，也可达到加宽的目的。一般场地内车速小于 15km/h，不需设置加宽缓和段。

2）弯道路面的超高与超高缓和段

在弯道上，当车辆行驶在双向横坡的车道外侧时，其重量的水平分力将增大横向侧滑力，所以当采用的圆曲线半径小于不设超高的最小半径时，为抵消车辆在曲线路段上行驶时所产生的离心力，可以将道路外侧抬高，使道路横坡呈单向内侧倾斜，称为超高。《城市道路工程设计规范》CJJ 37—2012 规定：当计算行车速度为 40km/h、30km/h 和 20km/h 时，最大超高横坡度 2%；当计算行车速度为 60km/h、50km/h 时，最大超高横坡度 4%；当计算行车速度为 100km/h、80km/h 时，最大超高横坡度 6%。

超高缓和段是由直线段上的双坡横断面过渡到具有完全超高的单坡横断面的路段，超高缓和段的长度不宜过短，否则车辆行驶发生侧向摆动时，行车会不稳定。一般情况下，超高缓和段长度最好不小于 15～20m。

当曲线加宽与超高同时设置时，加宽缓和段长度应与超高缓和段长度相等，内侧增加宽度，外侧增加超高；如曲线不设超高而只设加宽，则可采用不小于 10m 的加宽缓和段长度。场地设计中，当居住区级道路坡度和行车速度大到一定值时，才要求设加宽和超高。除此之外，一般场地内因车速较低可不设，而在城市市区内的场地，为有利于建筑物、构筑物的布置，一般不设超高。

4.1.3 纵断面标准

1. 最大纵坡

各级道路纵坡的最大限值称为最大纵坡。它是根据汽车的动力特性、道路类型、当地自然条件，并保证车辆以适当的车速安全行驶而确定的。

机动车最大纵坡如表 4-2 所示。

表 4-2　机动车道最大纵坡

设计速度（km/h）		100	80	60	50	40	30	20
最大纵坡（%）	一般值	3	4	5	5.5	6	7	8
	极限值	4	5	6		7	8	

注：除快速路外的其他等级道路，受地形条件或其他特殊情况限制时，经技术经济论证后，最大纵坡极限值可增加 1.0%；积雪或冰冻地区的快速路最大纵坡不应大于 3.5%，其他等级道路最大纵坡不应小于 6.0%。

机动车爬坡能力与速度有关，场地道路中机动车的最大纵坡宜取 $i_{max} \leqslant 8\%$；机、非混行的道路上，应以非机动车的爬坡能力确定道路的最大纵坡，自行车道的最大纵坡以 3.0% 为宜。对于平坦场地，机动车道的最大纵坡控制在 5% 以下。坡度场地的最大纵坡决定了其工程量的大小，在方案阶段要慎重选择。

人行道纵坡常与道路纵坡一致。当受到地形限制，人行道纵坡超过 8% 时，视具体条件作粗糙路面或不超过 18 步梯的踏步行道。

2. 最小纵坡

能够适应路面上雨水排除，而不致造成雨水排泄使管道淤塞的最小纵向坡度值，称为道路最小纵坡度。最小纵向坡度与雨季降雨量大小、路面种类及排水管直径大小有关。路面粗糙的，最小纵坡可较大，反之则可小些。为便于地面水的排除和地下管线的埋设，道路最小纵坡一般为 0.3%～0.5%。特殊困难路段，纵坡度可小于 0.2%，同时，应采取其他排水措施。

3. 坡道长度限制

为行车安全与经济，当道路纵坡大于 5% 时，需要对坡长进行限制。道路坡道的长度与道路的等级要求和车辆的上坡能力有关。等级高的道路对行车平顺的要求较高，不但要求坡度较缓，而且坡长也不能太短。各级道路纵坡最小长度应大于或等于表 4-3 的数值，并大于相邻两个竖曲线切线长度之和。

表 4-3 最小坡长

设计速度（km/h）	100	80	60	50	40	30	20
最小坡长（m）	250	200	150	130	110	85	60

如果坡道过长，上坡时就必须换挡，下坡时也易发生事故。因此，为了行车的安全、经济，道路纵断面的设计需要对坡长进行限制，道路变坡点间的距离不宜小于 50m，相邻坡段的坡差也不宜过大，并尽量避免锯齿形纵坡面。当道路纵坡较大，且又超过限制坡长时，应设置不大于 3% 的缓坡段，并应满足相应坡长的要求。行车纵坡与坡长限制如表 4-4 所示。

表 4-4 纵坡与最大坡长

设计速度（km/h）	100	80	60			50			40		
纵坡（%）	4	5	6	6.5	7	6	6.5	7	6.5	7	8
最大坡长（m）	700	600	400	350	300	350	300	250	300	250	200

4. 竖曲线

在道路纵坡转折点常设置竖曲线将相邻的直线坡段平滑地连接起来。竖曲线分为凹形与凸形两种，凸形竖曲线的设置主要满足驾驶员视线视距的要求；凹形竖曲线主要为满足车辆行驶平稳的要求，避免车辆颠簸。道路竖曲线一般采用圆曲线，如图 4-2 所示。其几何要素计算如下：

$$L = R\Delta i \tag{4-4}$$

$$T = \frac{R\Delta i}{2} \tag{4-5}$$

$$E = \frac{L^2}{8R} \tag{4-6}$$

式中　Δi——相邻坡度代数差，%；

　　　　R——竖曲线半径，m；

　　　　T——切线长度，m；

　　　　L——曲线长度，m；

　　　　E——外距，m。

《厂矿道路设计规范》GBJ 22—1987 规定：当相邻两个坡度的代数差 $\Delta i > 2\%$ 时，需设置竖曲线。竖曲线半径不应小于 100m，竖曲线长度不应小于 15m。

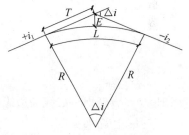

图 4-2　竖曲线几何要素

4.1.4　横断面标准

沿着道路宽度方向，垂直于道路中心线所做的剖面，称为道路的横断面。

道路横断面的设计宽度称为路幅宽度。若为居住区级道路，即为道路红线之间的道路各项用地宽度的总和；若为一般建筑场地道路，即为建筑控制线之间的距离。路幅宽度应满足其两侧的建筑物有足够的日照间距和良好通风的要求，对抗震防护也有一定要求，一般取 $H:B=1:2$ 左右为宜（H 为建筑物高度，B 为路幅宽度）。

场地内道路横断面是由车行道（机动车和非机动车）、人行道或路肩、绿化带、地上和地下管线敷设带组成。道路横断面设计，要满足交通安全、环境景观、管线敷设以及消防、排水、抗震等要求，并合理地确定各组成部分的宽度，以及相互之间的位置与高差。

1. 道路形式

一般市区场地和郊区场地的道路通常为城市型，其道路以突起的路缘石保护路面，采用暗管排水系统；而郊外场地（如风景区场地），可根据需要采用公路型，其道路的路缘石不突起，采用明沟排水系统。

2. 路拱坡度

道路在横向上单位长度内升高或降低的数值，称为路拱坡度（i）。路拱坡度通常用％或小数数值表示。路拱形式可根据路面面层类型确定。场地内车行道路拱的基本形式有直线形、直线加圆弧形和一次半抛物线形，如图 4-3 所示。《厂矿道路设计规范》GBJ 22—1987 规定：水泥混凝土路面，可采用直线形路拱；沥青路面和整齐块石路面可采用直线加圆弧形路拱；粒料路面、改善土路面和半整齐、不整齐块石路面，可采用一次半（或称半立方式）抛物线形路拱。

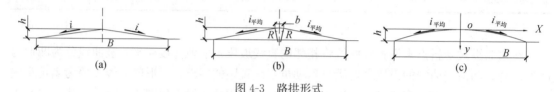

图 4-3　路拱形式

（a）直线形路拱；（b）直线加圆弧形路拱；（c）一次半抛物线形路拱

路拱几何尺寸，可按下列公式计算：

$$h=\frac{Bi}{2} \tag{4-7}$$

$$R=5B \tag{4-8}$$

$$B=10Bi \tag{4-9}$$

$$y=h\left(\frac{x}{B/2}\right)^{\frac{3}{2}} \tag{4-10}$$

式中　h——路面中心线与边缘的高差，m；

　　　　B——路面宽度，m；

　　　　i——路拱坡度，％；

　　　　R——路拱中部半圆弧半径，m；

　　　　b——路拱中部圆弧长度，m；

　　　　y——路面中心线与 x 处的高差，m；

　　　　x——至路面中心的距离，m。

为了使人行道、车行道的雨水顺利地流入雨水口，必须使它们都具有一定的横坡。横坡的大小与道路的路面材料、纵坡等有关，同时也应考虑人行道、车行道、绿化带的宽度以及当地气候条件的影响。

由于车行道宽度较大，为尽快排除地面水，车行道一般都采用双向坡面，由道路中心线向两侧倾斜，形成路拱。路拱坡度的参考值如表 4-5 所示。

表 4-5 路拱坡度

路面面层类型	路拱横坡（%）	路面面层类型	路拱横坡（%）
水泥混凝土路面	1.0～2.0	半整齐、不整齐块石路面	2.0～3.0
沥青混凝土路面	1.0～2.0	粒料路面	2.5～3.5
其他沥青路面	1.5～2.5	改善土路面	3.0～4.0
整齐块石路面	1.5～2.5		

注：在年降雨量较大的道路上，宜采用上限；在年降雨量较小或有冰冻、积雪的道路上，宜采用下限。

人行道的横坡可设置为1‰～3‰，一般比路拱坡度稍大，以利于排水，同时可避免行人因坡陡而滑倒；采用直线式横坡，向缘石方向倾斜。人行道一般高出车行道10～20cm，其横坡度视人行道的总宽度及布置情况而定，一般情况下，宽度大时，横坡度较小，宽度小时，横坡度较大。

4.1.5 道路路基

平坦场地或经过场地，平整的坡地场地，无论以上哪种情况，都要根据道路的使用功能要求，保证道路有足够的强度和稳定性。即对通过路面传递来的车轮压力及其垂直变形的抵抗能力和受到外界因素影响时仍能使路基强度保持相对稳定的能力。土质路基压实度如表4-6所示。

表 4-6 土质路基压实度

填挖类型	路床顶面以下深度（cm）	路基最小压实度（%）			
		快速路	主干路	次干路	支路
填方	0～80	96	95	94	92
	80～150	94	93	92	91
	>150	93	92	91	90
零填方或挖方	0～30	96	95	94	92
	30～80	94	93	—	—

4.1.6 路面结构

路面是用坚固、稳定的材料直接铺筑在路基上的结构物，应具有充分的强度、稳定性和平整度，并保持足够的表面粗糙度，少尘或无尘。

1. 路面类型

（1）柔性路面

柔性路面是具有黏性、弹塑性的混合材料在一定工艺条件下压实成型的路面。它具有较大的塑性，但抗弯、抗拉强度较差，在行车荷载作用下变形较大。柔性路面一般包括铺筑在非刚性基层上的各种沥青路面、碎石路面、砾石路面以及用有机结合料加固的土路面等。

（2）刚性路面

刚性路面是由整体强度高的水泥混凝土板或条石直接铺筑在均匀土基或基层上的路面。它的特点是抗弯、拉强度大，能较好地传布扩散荷载压力，使路表面变形较小。水泥混凝土路面、预应力混凝土路面、连续配筋混凝土路面以及各种条石、块石路面均属于刚性路面。由于它能够适应载重大、交通繁忙的要求，而且经久耐用，被广泛应用于场地道路和停车场地坪。

2. 路面选型

在道路设计中，路面结构层的组成及其厚度应根据不同路段地质条件和行驶的车辆及其荷载，分别按《城市道路工程设计规范》CJJ 37—2012 进行设计，如表 4-7 和表 4-8 所示。

表 4-7　路面面层类型及适用范围

面层类型	适用范围
沥青混凝土	快速路、主干路、次干路、支路、城市广场、停车场
水泥混凝土	快速路、主干路、次干路、支路、城市广场、停车场
贯入式沥青碎石、上拌下贯式沥青碎石、沥青表面处治和稀浆封层	支路、停车场
砌块路面	支路、城市广场、停车场

表 4-8　其他水泥混凝土面层类型的适用条件

面层类型	适用条件
连续配筋混凝土面层、预应力水泥混凝土路面	特重交通的快速路、主干路
沥青上面层与连续配筋混凝土或横缝设传力的普通水泥混凝土下面层组成的复合式路面	特重交通的快速路
钢纤维混凝土面层	标高受限制路段、收费站、桥面铺装
混凝土预制面层	广场、步行街、停车场、支路

在旅游景区遗址保护范围内的道路路面，可以根据环境气氛的要求采用其他路面。

4.1.7　交叉口设计

场地中道路与道路相交的部位称为道路的交叉口。在同一平面相交的路口称为平面交叉口。在不同平面相交的路口称为立体交叉口。

道路交叉口设计依据道路系统的功能要求，结合相交道路的路段设计，合理确定交叉口的形式、平面布置，保证相交道路上行车安全平顺，行人集散畅通和安全；进行竖向设计，保证交叉口范围内地面水的迅速排除。

1. 交叉口类型

常见的平面交叉口按其连接的方式可以分为下列几种基本形式：十字交叉口、X 交叉口、丁字交叉口、Y 字交叉口和错位交叉口。

2. 交叉口处的缘石半径

为保证车辆在交叉口处转弯时能以一定的速度安全、顺畅地通过，道路在交叉口处的缘石应做成适应车辆转弯运行轨迹线的圆曲线形式。圆曲线的半径 R 称为缘石半径，可根据机动车最小转弯半径确定。

缘石半径的取值随场地道路等级、横断面形式和设计车速不同而有所不同。

3. 交叉口建筑红线的位置

有两车的停车视距和视线组成交叉口视距空间和限界，称为视距三角形，以此作为确定场地内交叉口建筑红线位置的条件之一。通常按最不利的情况考虑，是以一个方向的最外侧直行车道与交叉道路里侧直行车道的车辆组合来确定视距三角形的位置。设计要求在限界内必须消除 1.2～2.0m 高范围内的障碍物，以保证行车安全。场地设计中，交叉口的最小视距为20m。

4. 交叉口的竖向设计

交叉口的竖向设计应综合考虑行车舒适、排水畅通和美观等因素，合理确定交叉路口设计标高，设计原则如下：

(1) 两条道路交叉，主要道路的纵坡度宜保持不变，次要道路纵坡度服从主要道路。

(2) 交叉口设计范围内的纵坡度，宜小于或等于2%；困难情况下，应小于或等于3%。

(3) 交叉口竖向设计标高应与四周建筑物的地坪标高相协调。

(4) 合理确定变坡点和布置雨水口。

4.2 场地道路设计

4.2.1 一般原则和基本要求

1. 场地道路布置应满足各种使用功能要求

(1) 功能要求。满足场地各种交通运输要求，建立完整的道路系统。

场地内的道路布置，应在考虑地形、用地范围及周围道路交通状况的基础上，结合建设项目的性质，根据使用者从事各种活动的特点，充分满足人们的交通需求以及在货物运输、消防救护、人流集散等条件下的车行需求。居住区内的道路除满足一般道路的交通运输功能外，还应充分考虑其作为居住生活空间的一部分，在邻里交往、休息散步、游戏消闲等方面的作用。

道路布置应满足交通便捷和安全的要求，正常情况下保证通行顺畅，紧急情况时保证安全疏散。线路应清晰简明，减少车行对人流的干扰，避免外部交通的穿越。路网布置应做到功能明确、主次分明、结构清晰，组成一个完整的道路交通系统，既要便于与外部道路衔接，又要有利于内部各功能分区的有机联系，将场地各组成部分联结成统一整体。

场地道路布置要考虑行人和车辆的安全要求，避免出现陡且长的下坡道路，在居住区内，采用尽端式道路，可保持居住区的安静环境。

场地道路是各种管线敷设的主要场所，应结合场地内各种管线干线的布置，合理安排场地道路各个组成部分，同时，也应统一布置绿化用地。

(2) 经济性的要求。节约用地，结合地形，节约建设投资。

路网布置应合理划分用地，避免用地划分过于零碎或出现较多难以利用的地块；路线布置一般宜短捷、顺直，避免往返迂回，以缩小道路用地面积；不应片面追求形式与构图，要善于结合场地的地形状况和现状条件，尽量减少土方工程量，节约用地和投资费用。

(3) 环境与景观要求。结合地形、日照、风向、环境景观要求，有利于良好的场地环境和视觉景观的形成。

道路布置应考虑建筑物有较好的朝向，道路走向应有利于通风，一般应平行于城市夏季主导风向。北方地区为避免冬季寒冷、风沙直接侵袭场地，道路布置应与主导风向成直角或一定的偏斜角度。滨水场地的道路应临水开放，并布置一定数量垂直于岸线的道路。

道路布置还应充分考虑场地景观环境，发挥其环境艺术构图的作用。考虑主要景观的观赏路线和观赏点，利用路的导向性组织，引导主要建筑物或景观空间，为观赏视线留出必要的视觉通廊，以保证景点与观赏点之间的视觉联系。

2. 场地道路布置应充分利用地形

当场地地形为丘陵或山地时，道路应尽量结合地形特点，依山就势，以减少土石方工程量，节约建设投资；明确道路的功能分工，使道路主次分明；主干道宜沿平缓的坡地和谷地布置，以取得有利的交通条件；次干道及居住区道路可采用较大坡度，或在线形上采取某些措施；尽量利用地形高差，组织立体交通。

3. 场地道路布置应节约用地

场地道路布置在考虑近期和远期交通发展的关系时，不应盲目扩大远期的发展规模，避免不必要的浪费。同时，还应结合场地的具体条件，选择适当的道路类型，节约建设用地。

4.2.2 道路布置的基本形式

道路布置的形式各不相同，确定道路基本形式的影响因素是场地地形、场地流线体系的组织形式、道路与建筑的联系等多种因素，道路的具体布局可选择多种形式。尽端式的流线结构对应尽端式道路，而通过式流线结构可表现为内环式、通过式、半环式、格网式等布局形式，此外还有混合式。

1. 平坦场地

平坦场地道路按其与建筑物的联系形式不同可分为以下几种。

（1）内环式布置

由各出入口引入的道路在场地内部形成环状。环路多围绕场地的主要建筑布置，并与其平行。由环路还可引出内部的支路，组成纵横交错的路网，使场地各组成部分之间联系方便，既利于区域划分，又能较好地满足交通、消防等要求。这种形式较适合具有一定规模、地形条件好、交通量较大的场地。居住区常以内环式的道路组织内向型的公共活动中心。

（2）环通式布置

直接与场地出入口和各个部分连接的道路布置形式称为环通式布置。这种形式比较灵活，线路便捷，建设经济，特别适宜具有半公共性使用特点的场地，如居住区。

（3）尽端式布置

在交通流线上有特殊要求（如各流线独立性强或要求避免相互混杂）或地形起伏较大的场地，不需要或不可能使用场地内道路循环贯通，只能将道路延伸至特定位置而终止，即为尽端式道路。尽端式道路的分支形式，使道路上主次分工明确；它的平面线形与坡度升降处理较为灵活，能够适应场地地形的变化。这种形式的布局适用于交通量较小，建筑布局较独立分散或竖向高差较大的场地。

尽端式道路长度超过 35m 时，为提高道路的灵活性，方便车辆转弯、进退或调头，应在该道路的尽端或某一适当的位置设置回车场，也可与一些其他设置结合布置，如建筑物入口处的环形回车场常常结合花坛、水池等布置。

回车场可设计成多种形式，如 T 形、L 形、O 形等。回车场转弯半径不小于 3m，宽度不小于 3.5m。回车场的面积不应小于 12m×12m，尽头式消防车道应设回车道或面积不小于 15m×15m 的回车场，供大型消防车使用的回车场尺寸不宜小于 18m×18m。

（4）格网式布置

格网式布置又称棋盘式布置，是平坦道路上最常用的一种道路布置形式。道路在场地内纵横交错形成格网，将场地划分为较规整的地块。其特点是线型顺直，有利于建筑的布置。由于平行方向有多条道路，交通分散，灵活性大，通行量最大，相应的交通对环境的影响面也较大，一般用于大规模群体建筑场地的主干道组织，如高新技术产业开发区。

（5）自由式布置

自由式布置指场地道路结合自然地形呈不规则布置的方式。这种类型的道路网没有一定的模式，变化很多。

（6）混合式布置

混合式布置指在一个场地内，将上述两种以上的道路布置形式结合采用。由于兼有各种布置方式的特点，这种方式可根据场地的地形条件，灵活选用不同的道路布置形式。在满足场地交通功能的同时，可适应场地交通流的不均匀分布、地质与地形变化等情况，因而适用范围较广。在居住小区中，一般都综合采用多种道路布置形式来安排各级道路，例如以内环式或通过式作为小区主路，以尽端式或半环式形成组团或院落内部道路。

2. 坡地场地

坡地场地道路网布置时，为了保证行车安全，道路坡度不宜过大，主要道路坡度宜平缓。因此，道路布置应结合场地的地形和地势变化，使道路的纵坡较适宜。这种布置形式有以下几种。

（1）环状布置

道路沿山丘或凹地环绕平行等高线布置，形成闭合或不闭合的环状系统。

（2）枝状尽端式布置

道路结合地形，沿山脊、山谷或（沟）或较平缓的地段布置，呈现树枝或扇形的尽端道路。这种布置较灵活，可较好地适应地形的起伏变化。

（3）盘旋延长线路布置

由于地形高差较大，可将道路盘旋布置，或与等高线斜交布置，以增加道路长度，保证适宜的坡度。

因道路和人行道有不同的限制坡度，可以结合地形将车行和人行分开设置，自成系统，并将人行踏步与景观功能结合，成为景观要素。

4.2.3 道路与建筑物的间距

抗震区场地内干道两侧的高层建筑一般应由道路红线向后退 10～15m。居住区内的道路边缘至建筑物、构筑物距离应符合表 4-9 的规定。

表 4-9 道路边缘至建、构筑物的最小距离（m）

与建筑物、构筑物关系 道路级别			居住区道路	小区路	组团路及宅间小路
建筑物面向道路	无出入口	高层	5.0	3.0	2.0
		多层	3.0	3.0	2.0
	有出入口		—	5.0	2.5
建筑物山墙面向道路		高层	4.0	2.0	1.5
		多层	2.0	2.0	1.5
围墙面向道路			1.5	1.5	1.5

注：居住区道路的边缘指红线；小区路、组团路及宅间小路边缘指路面边线；当小区路设有人行便道时，其道路边缘指便道边线。

道路边缘至建筑物、构筑物的外墙距离（无组织排水建筑物则至散水边缘）一般为 1.5m 以上；如沿街布置住宅时，为避免实现干扰，人行道离建筑宜为 3～5m 以上。

4.2.4 场地内道路的无障碍连接

商业服务中心、文化娱乐中心、档案馆、图书馆等公共建筑，老年人建筑，居住区公共活动中心与交通性建筑等场地内，要考虑残疾人、老年人和患病者的需要，设置无障碍通行设施。无障碍交通主要是满足残疾人和行人的出行要求而定制，按其行为模式，主要人行步道的宽度、纵坡、建筑物出入口的坡道等，要满足无障碍设计要求，应按照《无障碍设计规范》GB 50763—2012 进行设计。

1. 缘石坡道

在单位出口、广场入口等处的人行道路应设缘石坡道，可分为全宽式单面坡缘石坡道、三面坡缘石坡道和其他形式的缘石坡道。缘石坡道的坡口与车行道之间宜没有高差；当有高差时，高出车行道的地面不应大于 10mm。

2. 轮椅坡道

（1）轮椅坡道最小宽度。轮椅坡道的净宽度不应小于 1.00m，无障碍出入口的轮椅坡道净宽度不应小于 1.20m。

（2）坡道一般形式。根据用地具体情况可有不同的处理，一般形式有单坡段型和多坡段型，其纵向坡度不应大于 2.5%。坡道的平台尺度：中间平台的最小深度不小于 1.2m，转弯和端部的平台深度不小于 1.5m。

3. 盲道

盲人是依靠触觉、听觉及光感等取得信息而进行活动的，因此在盲人活动地段的主要道路及其交叉口、近端以及建筑入口等部位设置盲人引导设施，方便盲人的行进。

（1）盲人路引是一种特制的铺地块材和盲人引导板，铺设于盲人的通道上，形成盲人能识别的专用行进路线。如地面是提示块材，包括提示安全行进的"行进块材"与提示停步辨别方向、建筑入口、障碍或警告宜出事故的地段等的"停步块材"两种。

（2）改变走向的地面提示块材布置盲路一般铺以"行进块材"，当提示需转弯、十字路口、路终端等则改铺"停步块材"。

4. 残疾人停车车位

距建筑入口及车库最近的停车位置，应划为残疾人专用停车位。残疾人停车车位的地面应平整、坚固和不积水，地面坡度不应大于 1：50。停车车位的一侧，应设宽度不小于 1.20m 的轮椅通道，便于残疾人从轮椅通道直接进入人行通道到达建筑入口。

4.2.5 道路路面结构

道路路面结构分柔性路面结构和刚性路面结构两种。

1. 柔性路面结构

柔性路面是用不同材料，按一定厚度在车行道上铺设的构造做法。路面结构有单层式和多层式两种。

面层是直接承受磨耗、荷载、气温和雨水作用的，要求有足够的平整度和强度；基层是路面结构的主要承受部分，能增加面层的抵抗力，承上启下，将荷载传递于路基；垫层属于基层的一部分，位于承重基层和路基之间，主要起垫平稳定作用。

路面结构层的划分，一般是相对性的。当分期修建、逐步将加强时，原有路面的面层往往成为新加铺路面的基层；当路基坚固且气候、水文条件良好时，路面结构层往往仅由面层与单一层次的基础组成，而无需设置垫层；气候干旱的地区，且交通量又不是很大时，也可在路基上直接加铺薄层路面。

2. 刚性路面结构

场地刚性路面结构在汽车－15级荷载下的厚度为：混凝土面层厚220mm，基层碎石厚200mm，垫层混合料厚200mm。

路面结构形式、分层厚度、材料选择及其结构组合等的设计，应以满足使用、节约投资、就近取材为原则，结合道路的使用功能要求、自然条件、分期修建计划等因素综合确定，参考有关标准图选用。

4.2.6　混凝土路面板分块

为了减少混凝土路面板因硬化或气温变化产生的收缩应力和翘曲应力，应把混凝土路面划分成许多板块。每块板用平行于中心线的纵向缝及与其相垂直的横向缝分开。

1. 接缝构造

混凝土路面的接缝，根据其主要功能作用与布置地点的不同，可分为胀缝、缩缝、纵缝等。

（1）胀缝

胀缝（或真缝）是为了给混凝土面层的膨胀提供伸长的余地，避免产生过大的热应力。其缝宽为18~25mm，系贯通缝。施工中通常在缝间设置传力杆或在缝底设置混凝土刚性垫枕来传递压力。

（2）缩缝

缩缝（或假缝）可减小收缩应力和温度翘曲应力。一般可不设传力杆，缝宽宜窄，一般为6~10mm，深度仅切割40~60mm或约为板厚的1/3。

（3）纵缝

纵缝是多条车道之间的纵向接缝。一般多采用企口缝，也有用平头拉杆式或企口缝加接杆式。纵缝的其他构造要求与缩缝相同。

2. 水泥混凝土路面板平面尺寸

刚性路面设计布置缝道做平面划分，横向缩缝间距（即板长）常取4.0~5.5m，最大不超过6.0m；横向伸缩缝（胀缝）多取30.0~36.0m；路面的纵缝设置（即板宽）通常为车道宽度，一般为3.5~3.75m，最大为4.0m或4.5m。

若缩缝间距相同，易产生振动，使行车单调、有节奏地颠簸，造成驾驶员疲劳而导致交通事故，故将缩缝间距改为不等尺寸交错布置，如4.0~5.0m、5.0~6.0m等。

混凝土路面在平面交叉口处的各种接缝布置有一定的要求：

相交道路均为水泥混凝土时，交叉口范围内的接缝布置（划块）会出现非矩形形状（梯形或多角形）分块。若布置不当，不仅有碍观瞻，施工复杂，而且小锐角的板块容易折断，从而影响混凝土板的使用寿命。

交叉口接缝布置应与交通流向相适应，并易于排水，整齐美观，施工方便；接缝宜正交，尽量将锐角放在非主要行车部位，且在板角处加设补强钢筋网或角隅钢筋；分块不宜过小，接缝边长不应小于1.0m；接缝应对齐，一般不得错缝。

4.2.7　停车场地坪结构

常规型路面为全面封闭式铺砌层，生态环保型路面不做全面封闭式铺砌层，而改为铺设带孔槽的混凝土预制块或留间隙孔格，在其中植草，减少地面径流，缓解路面的升温及反光效应，美化停车场环境，其地坪结构可采用道路结构。

4.2.8　人行道、园路路面结构

常用的人行道结构有沥青石屑路面、水泥方格砖路面，园路有混凝土路面、拼碎大理石路面、铺卵石路面和机砖路面等。

4.2.9　广场地面铺砌

1. 材料种类

用不同形式、不同色彩、不同材料来铺地，可以表达每个广场不同的立意和主题，铺地材料的选择应本着就地取材的原则，既可以降低造价，又能达到逼真的效果；选用废料，引进新材料，低材高用。一般常用的材料有：预制混凝土块铺地、水泥路面铺地、平板冰纹铺地、卵石花纹铺地、条砖铺地、各色花岗岩石铺地等。

2. 地面装饰结构

广场地面结构一般分为三层：最上层是表现铺地纹样质感的面层；中间层是承托垫接的垫层或结构层，可用煤渣、砂石、水泥砂浆、混凝土或灰土筑成；最下层是结构基层，承受上层传来的荷载，并向下扩散。每层所用材料厚度与技术要求视功能使用、美观等因素确定。

4.2.10　树池

人行道和停车场应设树池，种大树解决行人和车辆暴晒问题。

4.3　场地停车场设计

随着人民生活水平的提高和城市建设的发展，机动车辆愈来愈多，对停车场的要求也愈来愈迫切。一般新建、改建、扩建的大型旅馆、饭店、商店、体育场（馆）、影（剧）院、展览馆、图书馆、医院、旅游场所、车站、码头、航空港、仓库等公共建筑和商业区，必须配备或增加停车场；规划和建设居民住宅区，已根据需要配备相应的停车场；机关、团体、企业、事业单位应根据需要配建满足本单位车辆使用的停车场。

停车场（库）是停放不同车辆的场所，无顶盖者称为停车场，有顶盖者称为停车库。场地内如果没有必要的停车设施，就会导致车辆的随意停放，对交通、景观的保养均不利，在人行道上、散水上停车易引起对建筑结构上的损坏，妨碍人们的正常生活，对某些场地还会影响到其效益。

停车场的交通组织还要兼顾车流和人流两方面，以保证安全为主。

4.3.1　一般原则和基本要求

（1）根据场地功能需要设置，满足城市规划和交通主管部门的要求。

（2）合理确定停车场库的规模，对内服务者按内部要求，对外服务者如车站、码头、航空港、影剧院、体育场、宾馆，根据旅客流量估算或按当地规划、交通等主管部门的规定，

可适应放宽。

（3）停车场内交通流线组织必须明确。停车场内尽可能遵循"单向右行"的原则，避免车流相互交叉；停车场应按不同的类型及性质的车辆，分别安排车辆停车，以确保进出安全及交通疏散，提高停车场使用效率；应设置醒目的交通设施、交通标志（如画线、铺设彩色路面），以划分停车位置和行驶道路的范围。

（4）停车场设计必须综合考虑场内路面结构、绿化、照明、排水及必要的附属设施设计。

（5）停车场设计以近期为主，并为远期发展预留基地。可考虑机动车与非机动车的结合，选择灵活应变性强的停车方式。采用柱网结构空间，近期可停放非机动车或安排服务设施。

（6）注意保护环境，减少噪声、废气污染。机动车场库还会有一定的噪声、尾气等，对空气环境造成污染。为保持环境宁静，减少交通噪声和废气，应使停车场与医院、疗养院、学校、公共图书馆以及住宅小区保持一定距离。在车库里，还要设置汽车尾气的收集排放系统，以免车库内空气混浊。

4.3.2 停车场的设计

停车场平面设计时应有效地利用场地，合理安排停车区及通道，便于车辆进出，满足防火消防的安全要求，并留出布设附属设施的位置。

1. 出入口的通道

出入口的通道是停车场与外部道路的连接和车辆的出入口。为方便车辆到达停车泊位，停车场出入口应做到视线通畅，使驾车人在驶出停车场时能看清外面道路上来往的车辆和行人；为保证行车安全，在出入口后退 2m 的通道中心线两侧 60°角范围内，不应有任何遮挡视线的物体，出入口的技术标准见《城市停车规划规范》GB/T 51149—2016。

2. 停车坪

停车坪的车位组织、面积大小以及停车场的交通组织，由车辆的停放方式和车辆停车与发车的方式确定。

（1）车辆的停车方式

停车方式的具体选用应根据停车场的性质、疏散要求和用地条件等因素综合考虑。总的要求是排列紧凑，通道短捷，出入迅速，保证安全。车辆的停放方式按汽车纵轴线与通道的夹角关系，可分为三种基本类型，即平行式、垂直式和斜列式。

1）平行式。车辆平行于行车通道的方向停放。其特点是所需停车带较窄，驶出车辆方便、迅速，但占地最长，单位长度内停车位最少。一般适宜于狭长的场地停车，停放不同类型的车辆或车辆零来整走，如体育场、影剧院等停车场。

2）垂直式。车辆垂直于行车通道的方向停放。其特点是单位和长度停车位最多，用地紧凑，但停车带占地较宽，且在进出时需倒车一次，因而需要较宽的通道供车辆驶入、驶出。这是停车场布置中最常用的一种停放方式。

3）斜列式。车辆与行车通道成一定角度停放，一般有 30°、45°、60°三种。其特点是停车带宽度随停放角度而异，对场地的形状适应性强。其车辆出入及停放均较方便，有利于迅速停放与疏散，但单位停车面积比垂直停车要多。

（2）车辆停车与发车方式

1）前进式停车，后退式发车离开。停车迅速，但发车费时，不宜迅速疏散，通道视线不流畅时易发生危险，常用于斜向停车。

2）后退式停车，前进式发车离开。停车较慢，但发车迅速，平均占地面积较小，特别适宜车辆集体驶出的停车场。更由于其所需通道较小，平均单位停车场面积最小，为常见的停驶方式。

3）前进式停车，前进式发车离开。车辆停发都很方便、迅速，但占地面积较大，常用于公共汽车和大型停车场。

（3）通道布置

常见的有一侧通道一侧停车、中间通道两侧停车、两侧通道中间停车以及环形通道四周停车等多种形式。停车通道可为单车道或双车道，双车道较合理，但占地面积较大。中间通道两侧停车，行车通道利用率较高，为停车场较多采用的形式。单向行驶的主要通道，其宽度不应小于 6m，双向合用通道必须在 7m 以上。

停车场内车位布置可按纵向或横向分组安排，每组停车不超过 50 辆。各组之间无通道时，也应留出大于或等于 6m 的消防通道。

停车场边缘及转角处的停车位应比正常的更宽一些，以保证车辆进出方便、安全，特别是在受到建筑物、车道或其他障碍物的限制时，更要考虑尺寸上留有余地，一般端部的停车位应比正常的宽 30cm。在架空建筑物下面的停车位宽度应为 3.35m（净高应在 2.2m 以上），而且在布置时应注意到柱子等对车辆进出的影响。

（4）停车位设计参数

机动车设计车型的外廓尺寸如表 4-10 所示。停车场内的每个车位尺寸与车辆类型、停放方式及乘客上下所需的纵横净距有关。停车位的有关参数如表 4-11 所示。

表 4-10　机动车设计车型的外廓尺寸

设计车型		外廓尺寸（m）		
		总长	总宽	总高
微型车		3.80	1.60	1.80
小型车		4.80	1.80	2.00
轻型车		7.00	2.25	2.75
中型车	客车	9.00	2.50	3.20
	货车	9.00	2.50	4.00
大型车	客车	12.00	2.50	3.50
	货车	11.50	2.50	4.00

注：专用机动车库可以按所停放的机动车外廓尺寸进行设计。

表 4-11　小型车的最小停车位、通（停）车道宽度

停车方式			垂直通车道方向的最小停车位宽度（m）		平行通车道方向的最小停车位宽度 L_t（m）	通（停）车道最小宽度 W_d（m）
			W_{e1}	W_{e2}		
平行式		后退停车	2.4	2.1	6.0	3.8
斜列式	30°	前进（后退）退停车	4.8	3.6	4.8	3.8
	45°	前进（后退）退停车	5.5	4.6	3.4	3.8
	60°	前进停车	5.8	5.0	2.8	4.5
	60°	后退停车	5.8	5.0	2.8	4.2

续表

停车方式		垂直通车道方向的最小停车位宽度（m）		平行通车道方向的最小停车位宽度 L_t（m）	通（停）车道最小宽度 W_d（m）
		W_{e1}	W_{e2}		
垂直式	前进停车	5.3	5.1	2.4	9.0
	后退停车	5.3	5.1	2.4	5.5

4.3.3　停车场的技术要求

1. 布置要求

中型（停车场数量为 51～300 辆）和大型（停车场数量为 301～1000）机动车库，车辆出入口不应小于 2 个；特大型（车辆数量>1000）机动车库，车辆出入口不应小于 3 个，并应设置人流专用出入口。各汽车出入口之间的净距应大于 15m。出入口的宽度：双向行驶时不应小于 7m，单向行驶时不应小于 5m。

机动车库车辆出入口与城市人行过街天桥、地道、桥梁或隧道等引道口的距离应大于 50m，与道路交叉路口的距离应大于 80m。

机动车库的车辆出入口距离城市道路的规划红线不应小于 7.5m。

机动车库周围的道路、广场地坪应采用刚性结构，并有良好的排水系统，地坪坡度不应小于 0.5%。

2. 坡道的设计要求

机动车库可以采用直线形或曲线形，可以采用单车道或双车道，最小净宽应符合表 4-12 的规定。严禁将宽的单车道兼作双车道使用。

机动车库内坡道的最大纵向坡度应符合表 4-13 的规定。

表 4-12　坡道最小净宽

形式	最小净宽（m）	
	微型、小型车	轻型、中型、大型车
直线单行	3.0	3.5
直线双行	5.5	7.0
曲线单行	3.8	5.0
曲线双行	7.0	10.0

注：此宽度不包括道牙及其他分隔带宽度。当曲线比较缓时，可以按直线宽度进行设计。

表 4-13　坡道的最大纵向坡度

车型	直线坡道		曲线坡道	
	百分比（%）	比值（高∶长）	百分比（%）	比值（高∶长）
微型车、小型车	15.0	1∶6.67	12	1∶8.3
轻型车	13.3	1∶7.50	10	1∶10.0
中型车	12.0	1∶8.3		
大型客车 大型货车	10.0	1∶10	8	1∶12.5

4.3.4 自行车停车场的设计

自行车使用灵活，是人们的主要交通工具之一。在居住区、医院、商场、高等院校、中学和机关单位等场地内，当其数量较大时，场地设计就必须妥善解决其停放，否则会影响周边道路交通，或成为不良景观。南方沿海城市的居住建筑有的采用了低层架空的形式，有利于自行车的停放。

1. 停放方式

自行车的停放方式有垂直式和斜列式两种，其平面布置可根据场地条件，采用单排或双排两种方式。

2. 技术指标

自行车停车场位置的选择应依据道路、广场及建筑布置，以中、小型分散就近位置为主。固定的专用自行车停车场，应依据场地的使用人数估算其存放率。自行车停车场的规模应依据服务对象、平时停放时间、场地日周转次数而确定。自行车停车位的宽度、通道宽度应符合表 4-14 的规定。

规范采用 28 型作为自行车的设计标准车，总长 1.93m，总宽 0.60m，总高 1.15m。自行车的单辆停放尺寸一般可取 2.0m×0.6m。场内停车区应分组布置，每组场地为 15～20m。场地铺装应平整、坚实、防滑。坡度宜小于或等于 2.5%～4%，最小坡为 0.3%，不宜超过 5%。停车区内宜有车棚、存放支架等设施。

表 4-14　自行车停车位的宽度和通道宽度

停车方式		停车位宽度（m）		停车横向间距（m）	通道宽度（m）	
		单排停车	双排停车		一侧停车	两侧停车
垂直排列		2.00	3.20	0.60	1.50	2.60
斜排列	30°	1.00	1.80	0.50	1.20	2.00
	45°	1.40	2.40	0.50	1.20	2.00
	60°	1.70	3.00	0.50	1.50	2.60

注：角度为自行车与通车道夹角。

4.4　场地道路及停车场设计实例

4.4.1　设计条件

某办公楼所在场地内需增设一处停车场地，如图 4-4 所示。在进行停车场地布置时，应遵守如下限制：

（1）停车场地应后退；后退红线每侧各 3m；后退建筑轮廓线 3m；后退市政管线 4.5m。
（2）办公楼内有 40 名员工。
（3）所有树木应保留。

4.4.2　任务要求

（1）在给定的场地平面图上，布置满足下列要求的停车场，每两名员工拥有一个车位；为来访者设 10 个车位；上述车位中应包括 4 个残障车位；每排车位两端应设不小于 2m 宽的绿化带；场地应有宽度为7m的双向车道穿过。

　　（2）用数字和符号标注所有的停车位，并表示出车行方向。

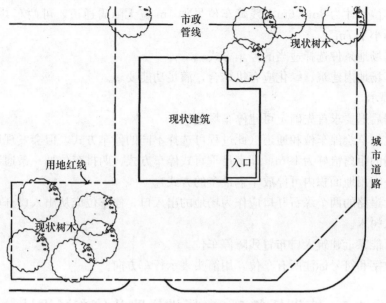

图 4-4　某办公楼场地平面图

4.4.3　案例解析

某办公楼停车场地布置图如图 4-5 所示。

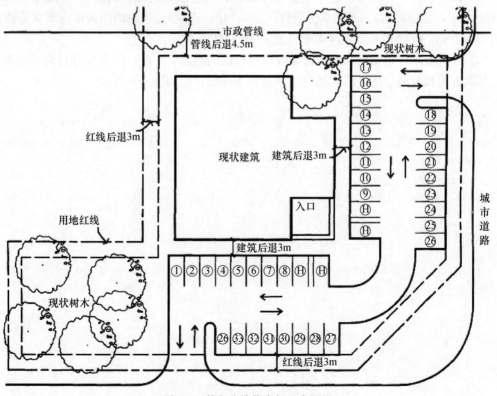

图 4-5　某办公楼停车场地布置图

63

1. 解题要点

掌握停车场设计的有关规范，并能熟练运用。

（1）停车位尺寸为 3m×6m（残障车位另加 1m 宽无障碍通道，可两车共用），停车场内通道宽度不小于 7m。

（2）根据场地条件选择适当的停车方式。

（3）停车场地内建筑、绿化应有机结合，满足功能要求。

2. 作图提示

（1）根据后退要求首先确定可建停车场范围。

（2）按比例草绘停车位和通道（此过程可选择不同的停车方式，但会发现用地红线后退与建筑后退间的距离恰好为 19m，即满足垂直式停车方式，两排车位加一条通道的要求（这种方式是在一定用地面积内可停放车辆最多的方式）。

（3）现状道路的两个缘石开口应作为场地的出入口，停车位应从出入口开始排列。按要求应保留现状树木。

（4）尽可能靠近建筑入口布置残障停车位。

（5）用数字和符号标注所有车位，用箭头表示行车方向。

4.5　实训任务 2——场地道路及停车场设计

（1）基地概况：基地西侧为教学区，北侧为绿化区，东侧为运动区，南侧为学生公寓区，如图 3-19 所示。

（2）设计条件：在基地内建一座食堂（8000m²，三层，局部可四层），一座学生活动中心（5000m²，三层），二～四栋学生公寓（28000m²，六层）；地块周围两条南北向道路车行道宽均为 10m，红线 18m，东西向车行道宽 5m，红线 12m。

（3）设计要求：根据已知的设计条件对基地内的道路、广场、停车场进行合理的布局。

某北方高校校园学生生活区场地道路及停车场设计图如图 4-6 所示。

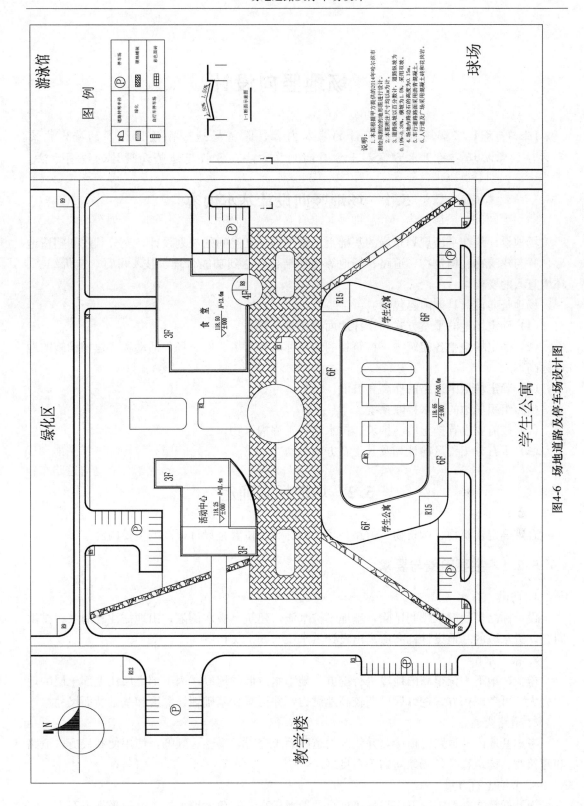

图4-6 场地道路及停车场设计图

5　场地竖向设计

【学习目标】了解场地竖向设计的基本内容，掌握场地竖向设计标高的确定内容和方法，掌握场地的排水方案和土方量的测算方法，掌握场地竖向设计的绘图方法。

5.1　场地竖向设计基本内容

场地设计是在平面规划布局的基础上，做出第三度空间的规划设计，充分利用和塑造地形，并与建筑物、构筑物、道路、场地等相互结合，达到功能合理、技术可行、造价经济、环境宜人的要求。

场地竖向设计具体内容包括：

(1) 确定场地的平整方式和设计地面的连接形式。

(2) 确定场地中各建筑物、构筑物的地坪标高和广场、停车场、活动场等建构设施的地坪标高。

(3) 确定场地中道路的标高和坡度。

(4) 组织场地的雨水排除系统。

(5) 按需要设置挡土墙、护坡、排水沟等工程构筑物。

(6) 土石方工程量的计算及其土石方的平衡。

5.2　场地标高确定

合理确定建筑物、构筑物、道路、场地的标高及位置是设计标高的主要内容。

5.2.1　主要因素与要求

1. 防洪、排水

设计标高要使雨水顺利排除，基地不被水淹，建筑不被水倒灌，山地需注意防洪、排洪问题，近水域的基地设计标高应高出设计洪水位 0.5m 以上。

2. 地下水位

避免在地下水位很高的地段进行挖方。地下水位低的地段，因下部土层比上部土层的地耐力大，可考虑挖方，挖方后可获较高地耐力，并可减少基础埋设深度和基础断面尺寸。

3. 道路交通

考虑基地内外道路的衔接，并使区内道路系统完善、平整、顺畅，使用便利快捷，道路和建筑物、构筑物及各场地间的关系良好。

4. 节约土石方量

设计标高在一般情况下应尽量接近自然地形标高，避免大填大挖，就地平衡土石方。

5. 建筑空间景观

设计标高要考虑建筑空间轮廓线及空间的连续与变化，使景观反映自然、丰富生动、具有特色。

6. 利于施工

设计标高要符合施工技术要求，采用大型机械平整场地，地形设计不宜起伏多变；土石方应就地平衡，一般情况土方宜多挖少填，石方宜少挖；垃圾淤泥要挖除；挖土地段宜作建筑基地，填方地段宜作绿地、场地、道路等承载量小的设施。

5.2.2　设计标高的确定

1. 建筑标高

要求避免室外雨水流入建筑物内，并引导室外雨水顺利排除。

（1）室内地坪。建筑室内地坪标高要考虑建筑物至道路的地面排水坡度最好在 $1\%\sim3\%$ 之间，一般允许在 $0.5\%\sim6\%$ 的范围内变动，这个坡度同时满足车行技术要求。

1）当建筑有进车道时：室内地坪标高应尽可能接近室外整平地面标高。根据排水和行车要求，室内外高差一般为 0.15m。

2）当建筑无进车道时：主要考虑人行要求，室内高差的幅度可稍增大，一般要求室内地坪高于室外整平地面标高 0.45～0.60m，允许在 0.3～0.9m 的范围内变动。

（2）地形起伏变化较大的地段。建筑标高在综合考虑使用、排水、交通等要求的同时，要充分利用地形减少土石方工程，并组织建筑空间，体现自然和地方特色。如将建筑置于不同标高的台地上或将建筑竖向做错迭处理，分层筑台等，并要注意整体性，避免杂乱无序。

2. 道路标高

满足道路技术、排水以及管网敷设等多方面的要求。在一般情况下，雨水由各处整平地面排至道路，然后沿着路缘石排水槽排入雨水口。所以，道路不允许有平坡部分，保证最小纵坡坡度≥0.2%，道路中心标高一般应比建筑的室内地坪低 0.25～0.30m 以上。

（1）机动车道。纵坡坡度一般≤6%，困难时可达 8%，多雪严寒地区最大纵坡坡度≤5%，山区局部路段可达 12%。但纵坡坡度超过 4% 时都必须限制其坡长：当纵坡坡度为 $5\%\sim6\%$ 时，最大坡长 $L\leqslant600m$；$6\%\sim7\%$ 时，最大坡长 $L\leqslant400m$；$7\%\sim8\%$ 时，最大坡长 $L\leqslant200m$。

（2）非机动车道。纵坡坡度一般≤2%，困难时可达 3%，但其坡长限制在 50m 以内，多雪严寒地区最大纵坡坡度应≤2%，坡长≤100m。

（3）人行道。纵坡坡度以≤5% 为宜，大于 8% 时宜采用梯级和坡道。多雪严寒地区最大纵坡坡度≤4%。

（4）交叉口纵坡坡度≤2%，并保证主要交通平顺。

（5）桥梁引坡坡度≤4%。

（6）广场、停车场坡度以 $0.3\%\sim0.5\%$ 为宜。

5.3　场地排水方案

在设计标高中考虑不同场地的坡度要求，为场地排水组织提供了条件。根据场地地形特点和设计标高，划分排水区域，并进行场地的排水组织。

场地雨水排除的基本方式有两种：第一种是地表的自然排水方式。不设任何排水设施，利用地形坡度及地质和气象上的特点来排除雨水。地表的自然排水一般适用于雨量较小的情况或者是局部小面积的地段。第二种是地下的雨水管道排水方式。在场地面积较大，地形平坦，不适于采用地表排水时，或者场地对卫生及环境质量要求较高时，或者场地中大部分建筑物屋面采用内排水时，或者场地排水系统要求与城市雨水管道系统相适应时，采用管道式雨水排除方式是较为合适的。除了上述两种基本方式之外，在场地卫生及环境质量要求较低或投资受限，或基地条件有限时，场地中的雨水排除也可以采用明沟排水方式。

整个场地范围的雨水排水系统既可以全部采用上述的某一种方式，也可划分成一些小的分区，将上述方式混合使用。

室外场地力求各种场地设计标高适合雨水、污水的排水组织和使用要求，避免出现凹地，如表 5-1 所示。

表 5-1　各种场地的地面排水坡度（%）

场地名称	最小坡度	最大坡度
停车场	0.3	3.0
运动场	0.3	0.5
儿童游戏场地	0.3	2.5
栽植绿地	0.5	依地质
草地	1.0	33

5.4　土方量测算

计算土石方工程量的方法有多种，常用的有方格网计算法和横断面计算法。

5.4.1　方格网计算法

方格网法将基地划分成若干个方格，根据自然地面与设计地面高差，计算挖方和填方的体积，分别汇总，即为土方量。该方法应用广泛，适用于平坦场地。方格网法计算土石方量示例如图 5-1 所示。

1. 划分方格

方格边长取决于地形复杂情况和计算精度要求，地形平坦地段，方格边长采用 20～40m；地形起伏变化较大的地段，方格边长多采用 20m；做土方工程量初步估算时，方格边长则可大到 50～100m；在地形变化较大时或者有特殊要求时，可局部加密。

2. 标明设计标高和自然标高

在方格网各角点标明相应的设计标高和自然标高，前者标于方格角点的右上角，后者标于方格角点的右下角。

3. 计算施工高程

施工高程等于设计标高减自然标高。"+"、"—"值分别表示填方和挖方，并将其数值分别标在相应方格角点左上角。

4. 作出零线

将零点连成零线，即为挖填分界线，零线表示不挖也不填。

5. 计算土石方量

根据每一方格挖、填情况，按相应图式分别代入相应公式，如表 5-2 所示，计算出的挖、填方量，分别标入相应的方格内。

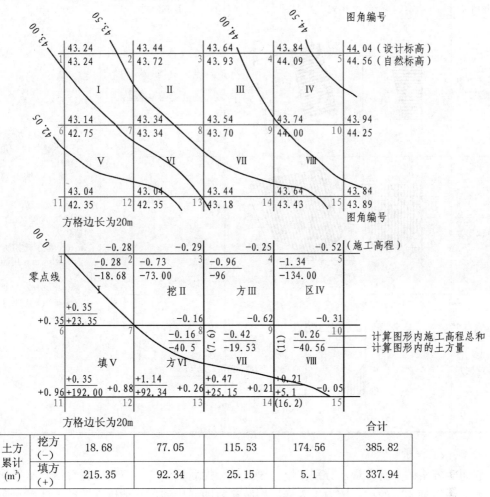

图 5-1　方格网法计算土石方量示例

表 5-2　方格网法计算土石方量图式与算式

填挖情况	图式	计算公式	附注
零点线计算		$b_1 = a \times \dfrac{h_1}{h_1 + h_3}$ $b_2 = a \times \dfrac{h_3}{h_3 + h_1}$ $c_1 = a \times \dfrac{h_2}{h_2 + h_4}$ $c_2 = a \times \dfrac{h_4}{h_4 + h_2}$	a——一个方格边长（m）；b、c——零点到一角的连长（m）；v——挖方或填方的体积（m^3）；h_1、h_2、h_3、h_4——各角点的施工高程（m）用绝对值代入；$\sum h$——填方或挖方施工高程总和（m）用绝对值代入。本表公式系按各计算图形底面积乘以平均施工高程而得出的
正方形四点填方或挖方		$v = \dfrac{a^2}{4}(h_1 + h_2 + h_3 + h_4)$	

填挖情况	图式	计算公式	附注
梯形二点填方或挖方	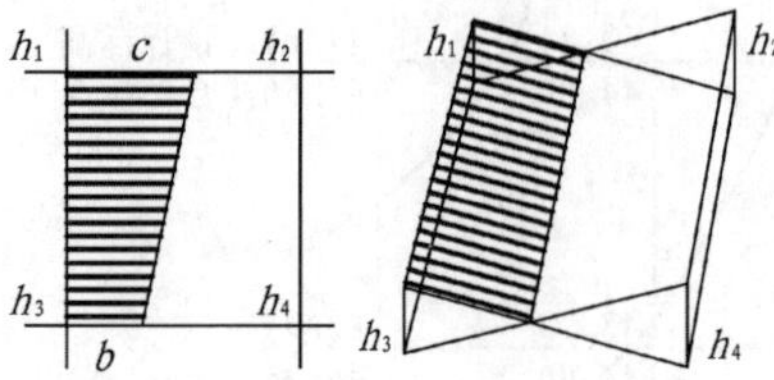	$v=\dfrac{b+c}{2}\times a\times\dfrac{\sum h}{4}$ $=\dfrac{(b+c)\times a\times\sum h}{8}$	a——一个方格边长（m）；b、c——零点到一角的连长（m）；v——挖方或填方的体积（m^3）；h_1、h_2、h_3、h_4——各角点的施工高程（m）用绝对值代入；$\sum h$——填方或挖方施工高程总和（m）用绝对值代入。本表公式系按各计算图形底面积乘以平均施工高程而得出的
五角形三点填方或挖方	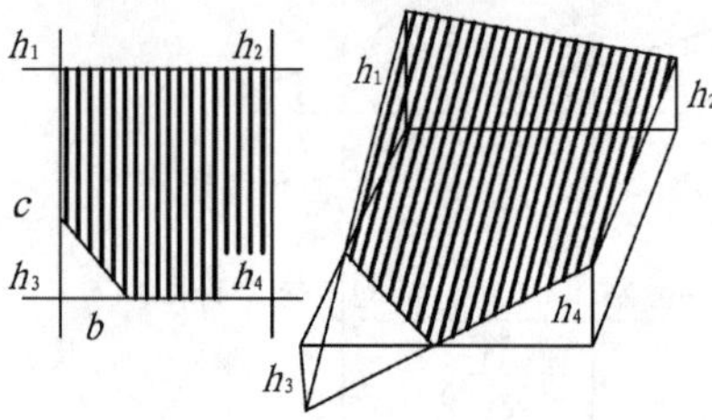	$v=\left(a^2-\dfrac{b\times c}{2}\right)\times\dfrac{\sum h}{5}$	
三角形一点填方或挖方	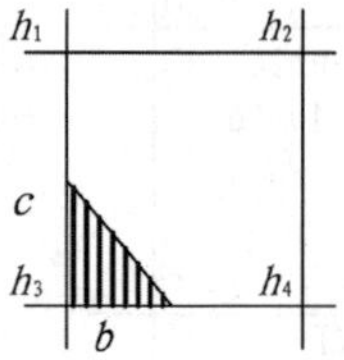	$v=\dfrac{1}{2}\times b\times c\times\dfrac{\sum h}{3}$ $v=\dfrac{b\times c\times\sum h}{6}$	

6. 汇总工程量

将每个方格的土石方量，分别按挖、填方量相加后算出挖、填方工程总量，然后乘以松散系数，才得到实际的挖、填方工程量。松散系数即经挖掘后空隙增大了的土体积与原土体积之比值，如表 5-3 所示。挖、填方量的计算还可用查表法。随着计算机软件的快速发展，现在有专业的土方量软件进行设计。实际工程结合计算机和人工计算相调整。

表 5-3　几种土壤的松散系数

系数名称	土壤种类	系数（%）
松散系数	非黏性土壤（砂、卵石）	1.5～2.5
	黏性土壤（黏土、亚黏土、亚砂土）	3.0～5.0
	岩石类填土	10.0～15.0
压实系数	大孔性土壤（机械夯实）	10.0～20.0

5.4.2　横断面计算法

横断面法是根据总平面图，在平土控制线上垂直划出若干个断面，分别计算每个断面的挖、填方面积，然后求出相邻两断面间的土方体积。此法较简捷，但精度不及方格网计算法，适用于纵横坡度较规律的地段，如图 5-2 所示。

1. 确定出平土控制线位置

横断面线走向，一般垂直于地形等高线或垂直于建筑物的长轴。横断面线间距视地形和规划情况而定，地形平坦地区可采用的间距为 40～100m，地形复杂地区可采用的间距为 10～30m，其间距可均等，也可在必要的地段增减。

2. 确定横断面位置图

根据设计标高和自然标高，按一定比例尺作出横断面图，作图选用比例尺视计算精度要求而定，水平方向可采用 1：500～1：200，垂直方向可采用 1：200～1：100。常采用水平 1：500，垂直 1：200。

3. 计算每一横断面的挖方、填方面积

一般由横断面图用几何法直接求得挖方、填方面积。

4. 计算相邻两横断面间的挖方、填方体积

由图 5-3 可得计算式：

$$V = (F_1 + F_2) / 2L$$

式中　V——相邻两横断面间的挖方或填方体积，m^3；

　F_1、F_2——相邻两横断面的挖（填）方面积，m^2；

　　L——相邻两横断面间的距离，m。

5. 挖、填土方量汇总

将上述计算结果按横断面编号分别列入汇总表并计算出挖、填方总工程量。

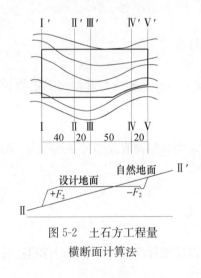

图 5-2　土石方工程量
横断面计算法

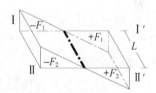

图 5-3　相邻两横断面
挖填方量计算

5.4.3　余方工程量估算

土石方工程量平衡除考虑场地平整的土石方量外，还要考虑地下室、建筑物和构筑物基础、道路以及管线等工程的土石方量，这部分的土石方可采用估算法取得：

（1）各多层建筑无地下室者，基础余方可按每平方米建筑基底面积的 0.1～0.3m³ 估算；有地下室者，地下室的余方可按地下室体积的 1.5～2.5 倍估算。

（2）道路路槽余方按道路面积乘以路面结构层厚度估算。路面结构层厚度以 20～50cm 计算。

（3）管线工程的余方可按路槽余方量的 0.1～0.2 倍估算。有地沟时，按路槽余方量的 0.2～0.4 倍估算。

5.5　竖向设计的表达方法

竖向设计有多种表达方法，常用的有设计标高法和设计等高线法。

5.5.1　设计标高法

设计标高法又称高程箭头法，其优点是规划设计工作量较小，且便于变动、修改，是场地竖向设计常用的方法。缺点是比较粗略，有些部位标高不明确，为弥补不足，常在局部加设剖面。设计的运作是根据规划总平面图、地形图、周围边界条件以及竖向规划设计要求，来确定场地内各项用地控制点标高和建筑物、构筑物标高，并以箭头表示场地内各项用地的排水方向，故又名高程箭头法，如图 5-4 所示。

1. 确定设计地面形式

根据地形和规划要求，确定设计地面适宜的平整形式，如平坡式、台阶式或混合式等。

2. 道路竖向设计

要求标明道路中轴线控制点（交叉点、变坡点、转折点）的坐标及标高，并标明各控制点间的道路纵坡与坡长。一般先由场地边界已确定的道路标高引入场地内，并逐级向整个道路系统推进，最后形成标高闭合的道路系统。

3. 室外地坪标高设计

保证室外地面适宜的坡度，标明其控制点整平标高。

4. 建筑标高与建筑定位

根据要求标明建筑室内地坪标高，并标明建筑坐标或建筑物与其周围固定物的距离尺寸，以对建筑物定位。

5. 地面排水

用箭头法表示设计地面的排水方向，若有明沟，则标明沟底面的控制点标高、坡度及明沟的高宽尺寸。

6. 挡土墙、护坡

设计地坪的台阶连接处标注挡土墙或护坡的设置。

7. 剖面图和透视图

在具有特征或竖向较复杂的部位，作出剖面图以反映标高设计，必要时作出透视图以表达设计意图。

5.5.2　设计等高线法

设计等高线法的操作步骤与设计标高法基本一致，只是在表达形式上有所差异。设计标高法用标高和箭头表达竖向设计，设计等高线法则用设计标高和设计等高线表达竖向设计，如图 5-5所示。设计等高线，是将相同设计标高点连接而成，并使其尽量接近原自然等高线，以节约土石方量。设计等高线法的特点是便于土石方量的计算，容易表达设计地形和原地形的关系，便于检查设计标高的正误，适用于地形较复杂的地段或山坡地。但工作量较大且图纸因等高线密布、读图不便，实际操作可适当简略，如室外地坪标高可用标高控制点来表示。

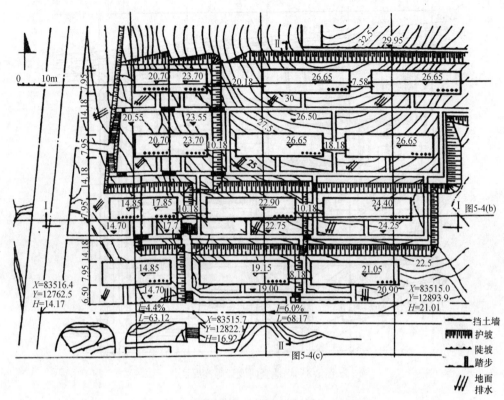

(*I*为道路纵坡；*L*为坡长;←为坡向)

(a)

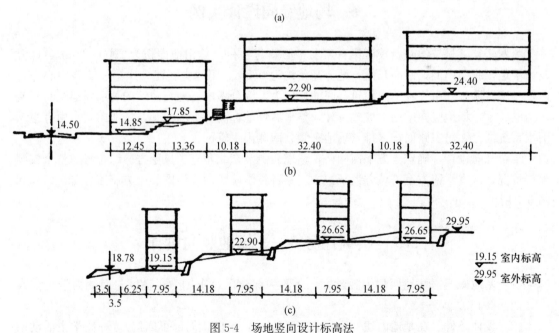

(b)

(c)

图 5-4　场地竖向设计标高法

（a）平面图；（b）Ⅰ—Ⅰ剖面图；（c）Ⅱ—Ⅱ剖面图

　　竖向设计图的内容及表现可以因地形复杂程度及设计要求有所不同，如坐标，若规划总平面图上已标明，则可省略。竖向设计图也可结合在规划总平面图中表达，若地形复杂，在总平面图上不能清楚表达时，可单独绘制竖向设计图。

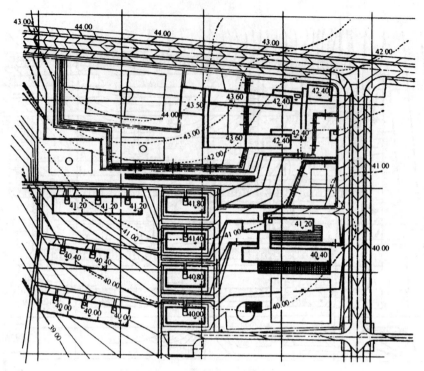

图 5-5　场地竖向设计等高线法

5.6　场地竖向设计实例

黑龙江省某科技学院新校区第一实验中心新建项目，总用地面积为 29003.00m²，地势较为平坦，北高南低，西高东低，地势高差约为 0.5m。用地内新建一座第一实验中心综合体及一座游泳馆。由于场地内建筑基底面积较大，综合考虑场地与建筑的关系及建筑与建筑之间的关系，场地竖向采用平坡式设计，整平后场地标高为 118.80m。场地内雨水由有组织雨水系统结合无组织路面排水排入场地东侧、南侧雨水管网。

结合竖向设计，确定土方平衡网格，场地西侧及东北角有少量挖方。综合考虑整个校园地势情况，土方平衡方案为填方大于挖方。某科技学院竖向设计图和土方施工图如图 5-6 和图 5-7 所示。

5.7　实训任务 3——场地竖向设计

（1）基地概况：基地西侧为教学区，北侧为绿化区，东侧为运动区，南侧为学生公寓区，如图 3-19 所示。

（2）设计条件：在基地内建一座食堂（8000m²，三层，局部可四层），一座学生活动中心（5000m²，三层），二～四栋学生公寓（28000m²，六层）；地块周围两条南北向道路车行道宽均为 10m，红线 18m，东西向车行道宽 5m，红线 12m。

（3）设计要求：结合场地的自然地形特点对基地内的场地、道路进行竖向设计。

某北方高校校园学生生活区场地竖向设计图如图 5-8 所示。

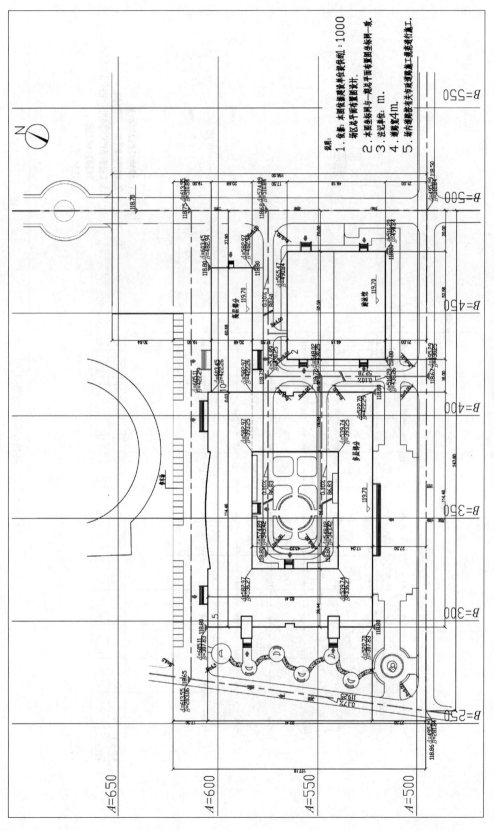

图5-6 某科技学院竖向设计图

场地设计

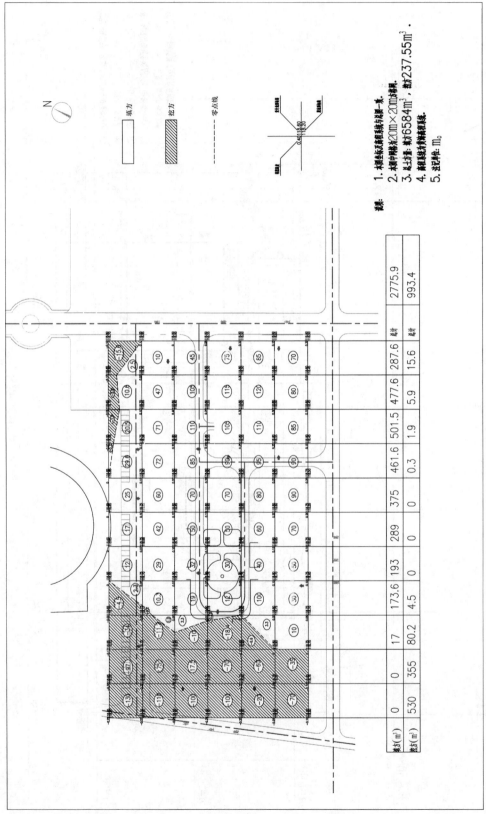

图5-7 某科技学院土方施工图

76

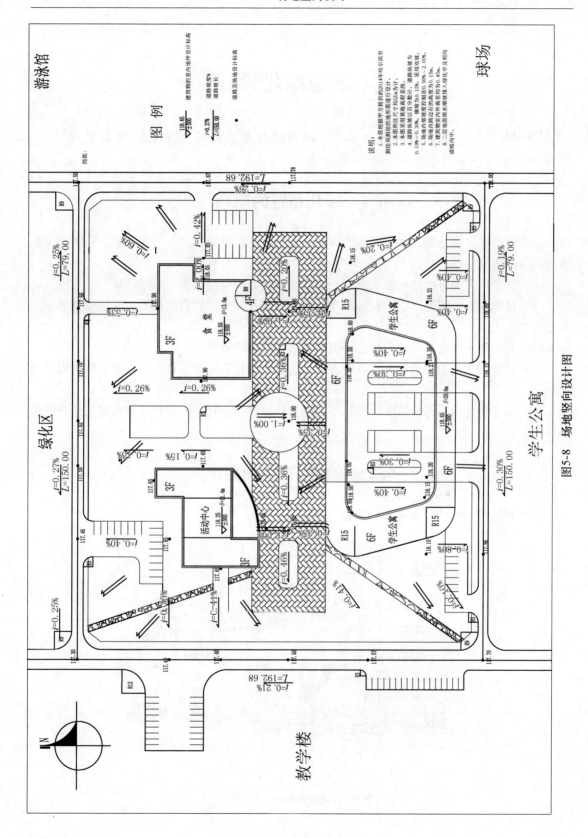

图5-8 场地竖向设计图

6 场地绿化设计

【学习目标】了解绿化布置的原则，熟悉植物配置和环境景观设施配置的要求，掌握绿化平面布置的基本方法和绘图方法。

6.1 绿化布置的原则

（1）坚持经济、适用、美观的基本原则。综合考虑总平面布置、竖向布置、土方施工和管线综合的统筹安排。

（2）从使用者的舒适感官需求出发，营造一个身心愉悦的工作、生活环境。

（3）绿化布置要因地制宜，充分对现有场地内部及其周边的自然地形、绿化植被等加以利用改造。

（4）充分利用植物进行改善生态环境的优势，进行防风阻沙、抗污染。

（5）对于场地内的风景林木、名胜古迹等历史文化植物资源进行完整保护，减少对其的影响。

（6）如果场地内不同分区时，绿化形式随着环境进行变化，但注意场地内绿化风格的整体性。

6.2 植物配置中的要求

植物种植形式配植图如图 6-1 所示。

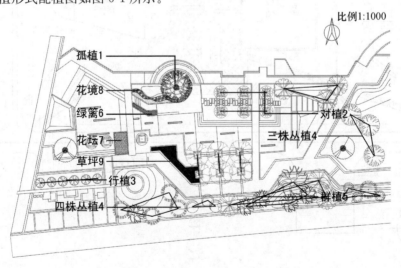

图 6-1 植物种植形式配植图

6.2.1 孤植

孤植树木主要是选取体形巨大，树冠冠幅丰富，树姿优美挺拔，或开花繁锦，香气宜人浓郁，或叶色季相变化丰富的树种。孤植树一般是场地绿化的主景。

布置在大草坪或林间空地的构图重心上，四周空旷，并且预留出近四倍的观赏距离。当空地过大时，孤植也可能并不是只栽植一棵树，有时根据构图需要同一种树种紧密种植，形成种植单元，如同一株丛生树木。在场地绿化中，多采用同一种树种的不同大小，构植不等边三角形。

布置在开敞的水域边，或可以远眺辽阔的高地平台上，利用孤植树的优美姿态和俊俏线条来吸引使用者。

6.2.2 对植

利用乔木、灌木以某一构图轴线为中心，两侧相互对应进行种植，称为对植。对植的树木要求树种一致，体形大小相似，位置对称，且与对称轴线的垂直距离相等。对植强调统一整齐，只能作为配景。

对称可以是单一树种的对称，也可以用两种树种沿对称中轴两侧，依据规律间隔种植。

场地出入口、主要建筑物两侧、广场入口、道路两侧等规律地段，常使用对植，营造整齐规律的秩序感。

6.2.3 行植

树木按照特定的株行距离，沿着直线、曲线成行栽植。选用树形、树冠较整齐的乔木、灌木，利用常绿与落叶树种结合的方式，依据等距或有规律变化的单行或双行栽植。绿篱、花篱是行距的一种连续形式。行植常用作绿化背景。

行植一般应用于场地四周边界，起围护、隔离作用。在道路、场地界线等地，可以形成整齐庄严的气氛。

6.2.4 丛植

丛植是由两株到十几株乔木或乔灌木组合种植而成的类型。树丛可以分为单纯树丛及混交树丛两类。一般在自然植被或是草花地上，并且配置山石和台地。

丛植是通过个体有机组合和搭配来展现树木群体美。丛植的配植形式常有两株树丛的配植、三株树丛的配植、四株树丛的配植、五株树丛的配植等多种方式，如图 6-2 所示。

丛植设计需要结合场地设计总图为依据，利用当地的自然条件形成丰富多彩的多层次景色，同时，也可以形成蔽荫、休息场地。

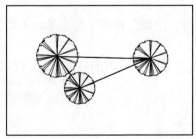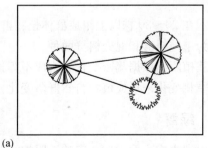

(a)

图 6-2　丛植的配植方式

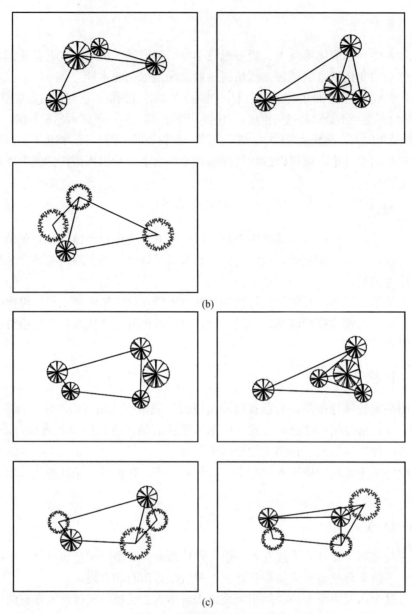

(b)

(c)

图 6-2　丛植的配植方式（续）

（a）三株丛植；（b）四株丛植；（c）五株丛植

6.2.5　群植

单株树木在 20～30 株以上组成群体植物群落。群植是构图中的主景，主要表现群体美。群植一般分为单纯树群和混交树群两种。

植物的栽植距离根据疏密变化，构成不等边三角形。树群的外轮廓注意高低起伏变化，利用四季的季相变化来形成植物自然群落变化。

6.2.6　绿篱

绿篱是由灌木或小乔木按一定的近距株行距密种植，栽成单行或多行，密实的、规则的种植形式。绿篱具有围护、分隔空间、界定范围、遮挡屏障视线、美化环境背景等功能。绿篱类型可按高度划分，如表 6-1 所示。

表 6-1　不同高度的绿篱类型

名称	绿墙	高绿篱	中绿篱	矮绿篱
高度	160cm	120～160cm	50～120cm	50cm 以下

绿篱的种植密度因使用目的、不同树种、苗木规格和种植地带的宽度而定，如表 6-2 所示。

表 6-2　绿篱种植密度

名称	株距	行距
矮绿篱	30～50cm	40～60cm
高绿篱	1～1.5m	1.5～2m

6.2.7　花坛

花坛是按照几何轮廓的种植器皿，种植颜色、形态、质地不同的花卉，形成彩色图案的种植形式。花坛是完全规则式的园林应用形式，具有极强的装饰性和观赏性，常布置在广场和道路的中央、两侧或周围规则的园林空间。

6.2.8　花境

花境是以多年生花卉为主组成的带状地段。花卉布置采取自然式块状混交，表现花卉群体的自然景观。

花境以抗寒、抗涝的观花灌木或多年生花卉为主，四季季相明显。花境的构图形式是由规则式构图向自然式构图过渡的中间形式。

6.2.9　草坪

草坪是由多年生矮小草本植物进行密植，经人工修剪、碾压、剔除杂草而形成平整的块状、片状密集似地毯的人工草地。

草坪具有美化环境，有效吸收空气中的有害物质，固土护坡，防止雨水冲刷、风蚀，水土保持，改善局部小气候环境，提供户外活动场所，吸声减噪等防震减灾的作用。

6.3　环境景观设施配置

绿地中各种环境美化设施大多是因为使用功能和景观要求的需要而设置的。如果设施配备齐全、位置得当，将能方便人在室外环境中的行为活动，促进一些行为（如休息、停留）的发生。反之，人在室外环境中的行动将会受到限制。所以环境美化设施是场地室外环境中的必备内容，影响着人们在室外环境中行为和心理感受上的舒适程度，是衡量环境质量高低的重要标志，同时也是人们感知和识别环境特征的基础。

6.3.1 水景

水是场地环境美化设施的基本素材之一。在场地中，水的作用是多方面的：它能调节周围空气的温湿度，在炎热的季节给环境带来凉爽湿润，达到调节场地小气候的目的；流水所发出的愉悦之音可以减弱和掩蔽周围环境中的噪声；一定规模的水体能为人提供多种室外活动，水的柔和易于使人亲近。不论何种形式或状态的水景都极易激起人们情感的共鸣。

场地中的水体按形状可分为自然式水体、规则式水体和混合式水体。但不管是哪种形式，在具体处理中都可处理成静态的水或动态的水。

1. 静态的水

静态的水倾向沉静、含蓄。具有一定规模的静水可以形成安宁和谐、轻松恬静的感觉。

水池一般有较规则的几何形状，但并不限于圆形、方形、三角形。平静的水池，其水面如镜，可以映照出天空或地面物，如建筑、树木、雕塑和人。水里的景物令人感觉如真似幻，为赏景者提供了一个新的视点。

自然式水塘在设计上比较自然或半自然，无论是自然的还是人工形成的，相对水池而言，水塘都具有更大的面积，一般少有硬性的规则边界。平静的水塘也能倒映周边的景物，也是展现周围景物的极好的衬景，能使空间更开阔。在较大规模的场地中，凭借与水面的联系，可以使场地的不同部分结成具有统一中心的整体。

2. 动态的水

动态的水会给人以生机活跃、清新明快、变化多端的感觉。动水可以处理成喷泉、瀑布或是水雕塑的形式，场地具有一定规模时，也可以处理成小溪流水的形式。

喷泉是动态水景最常见的一种。它常被用来作为聚合视线的焦点，或者作为开阔空间中一个独立的景观元素，或者作为强调广场中心、建筑物入口的一种手段。喷泉多装置于池水之中，使其效果更为突出，同时也使水的循环更容易。通过喷嘴和喷射方式的调节，喷泉可有多种变化，表现出不同的外观特征，既可形成简单的垂直水流，也可形成喷雾、湍流水花或其他特殊的造型。通过对喷射方向的调节和多个喷头的组合，喷泉的水柱可组合成更多、更有意味的造型变化，犹如水的雕塑。

瀑布是流水从高处突然落下而形成的。其观赏效果丰富多彩，声响效果同样吸引人，所以它同喷泉一样常常被用作独立的景观作为环境中吸引视线的焦点。瀑布的特征受落水的流量、高差以及落水口的形式等因素影响，通过调节这些因素，瀑布可形成多样的形态。光滑边口所形成的水帘平整、光洁、透明，是最常用的形式；齿形边口可将水帘划分成一些小片；梳状的边口则会形成细波水帘等。瀑布落下时所接触到的表面影响着溅落的水花和声响效果，如果直接落向水面，则水花和声响较小，如果下表面为岩石等硬质物体，则水花和声响都要大得多。单纯的瀑布经过分组组合或在高低中加入一些障碍，可产生跌落的效果，比一般瀑布具有更丰富的形声效果。

溪流是一种表现连续运动和方向感的形式。流水的蜿蜒流动是一种串联两侧不同内容的组织手段。由于落差、水岸、水底的不同情况，流水的形态、声响效果也产生一些变化，形成不同形式的组合及不同的性格特征。

水景的处理既可采用上述几种形式之一，也可将它们结合起来应用。通过不同形式的组合，扩大水景的规模，可使水景变得更加壮观动人。

6.3.2 其他设施

1. 座椅、桌凳

座椅、桌凳等休息设施是室外环境中不可缺少的，是环境布置的内容之一，它们为人们在室外环境中的多种活动提供支持，供人们休息、等候、交谈或观赏景物。这些活动是人在室外环境中的基本活动。因而，休息设施的布置与人们在环境中舒适感和愉悦感的产生有密切关系，也因此影响着场地环境的综合质量。

座椅、桌凳的布置有明确的目的性，与一定的活动有关系，例如设置在活动场地的附近、场地中人行通道的一侧、广场的周围，或是布置在良好景观的对面、安静的庭院之中。

座椅、桌凳的布置还需要考虑到形式的舒适性。在室外环境中，它们常被布置在空间的边缘而不是位于中央。如位于边缘，常可背靠墙、树木、栅栏等，有所依凭，使人感到更舒适安稳，而且背靠边缘面向中央会有较开阔的视野，这也更符合人的行为心理特点。由于同样的原因，座椅、桌凳也常布置于树下及花棚、花架的下面等位置，使人感觉受到某种程度的围蔽包容，增加心理上的安定感。同时，上部有所遮挡，在夏季更为阴凉，避免日晒。公共椅凳布局的形式特点如表 6-3 所示。

表 6-3　公共椅凳布局的形式特点

形式	图式	椅凳的布局与人的关系
单体形		部分存在于环境中的自然物与人工物，如路障、木墩等，转借成椅凳的替代形式。对于人流量大、不宜让人长时间逗留的地方，可利用其特殊的造型使人难以长坐。使用时可相背而坐，不会互相干扰
直线形		基本的长椅形式（3 人座），能较好地利用座椅，但不适合一群人的使用，站着的人也会妨碍通道。当使用者一字排开时，两端的人可自由地转身面对面交谈，使用者的互动距离约为 120cm
角落形		角度的变化适合双向面谈，而不至于膝盖互碰，适合多人间的互动关系，站着的人也不会影响临近的通道
多角形		多角度的变化适合各种不同社交活动的需要，同时变化的椅凳布局丰富了空间的形态

续表

形式	图式	椅凳的布局与人的关系
圆形	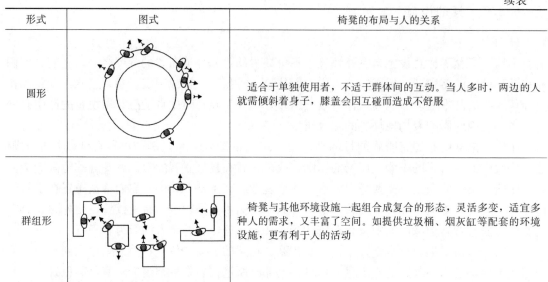	适合于单独使用者，不适于群体间的互动。当人多时，两边的人就需倾斜着身子，膝盖会因互碰而造成不舒服
群组形		椅凳与其他环境设施一起组合成复合的形态，灵活多变，适宜多种人的需求，又丰富了空间。如提供垃圾桶、烟灰缸等配套的环境设施，更有利于人的活动

2. 栅栏、围墙、栏杆

栅栏、围墙、栏杆等是场地室外环境中分隔空间、限定领域、屏蔽视线的设施，所以它们也都是室外环境布置中认真组织的内容。利用不同高度和通透程度的栅栏、围墙可将不同的区域在空间和视线上完全或部分地隔离开。如果相邻的两个区域性质差别较大，不希望存在相互之间的渗透干扰，那么封闭的墙体或栅栏可以达到上述目的。而位于人的视线高度之下的围墙、栅栏可以使两个区域在视线上保持一定程度的连通，但又有所区别。围墙和栅栏的高度不应刚好位于人的视线高度，这样只能给人以似见非见的干扰感，使人觉得不舒服。

3. 污物贮筒

垃圾筒、果皮筒等污物贮筒是场地中必不可少的卫生设施。污物贮筒设置，同人们日常生活、室外活动、娱乐、消费等因素相联系，根据清除次数和场地的规模以及人口密度而定。在造型上力求简洁，位置上考虑清扫方便，尽量不要设置在裸露土地上和草坪上，以便洗刷清扫。最好能将贮筒地面略高于普通地面。

考虑到上述因素，场地中应选用易清扫、抗损坏、便于定期洗刷、定期油漆的金属材料制成的污物贮筒。

4. 绿地灯具

绿地灯具不同于一般大街上的高照强光路灯和普通广场灯。绿地灯具是用于庭院、绿地、花园、湖岸、建筑入口的照明设施。功能上要求舒适宜人，照度不宜过高，辐射面不宜过大，距离不宜过密。宁静、典雅、舒适、安逸、柔和是场地中绿地灯具的特点。它会使环境形成某种特殊的迷人气氛。

灯具在选择上，要考虑环境因素，要求灯具的大小与灯柱本身的尺度和谐得体，灯距的确定要考虑灯具本身的高度和照度，同时，要考虑环境的自然亮度等因素。灯具造型和颜色要简洁明亮，并要注意同环境的相互影响作用。

5. 标志

场地标志要求图案简洁、概括抽象、色彩鲜明醒目、文字简明扼要等。标志图案要抽象，能代表某种语意；文字要清晰易辨，能见度高；色彩不宜繁杂。场地标志的尺度一般不宜过高，仅在人的视平线上即可。

从景观美学角度来看，标志的设置会直接影响和制约整个场地景观。如果是经过精心选择设计过的标志，必定会为场地增光添色，在功能方面也会为人们迅速、准确、有效地传递信息。

除上述环境景观设施外，在环境景观安排中，视绿地大小、重要性程度及绿地环境构成，还可设置少量假山、堆山、掇山、置石、景墙、景窗、亭、榭、廊和桥等，以便形成有山有水、小桥流水等丰富多彩的景观。

场地室外环境中对各项设施的组织安排既要考虑到它们所担负的使用功能，又要考虑它们的景观效果。由于它们大多置于室外露天环境中，存在着多种自然和人为的不利因素，因而这些设施中的布置应考虑到使用的耐久性和寿命的问题，应尽量选用坚固耐久、维护简单、方便清洁的材料和构造形式，以减少建成之后管理上的难度和维护费用。

6.4　绿化平面布置

绿化布局形式选用与场地总体布局形式对应的方式，一般为规则式、自然式、混合式。

1. 规则式

规则式绿地布置适用于平地，采用严谨的中轴对称布局，呈现几何图形。道路轴线明确，采用直线形、折线形、曲线形和几何规律形式。在道路中心交叉处或视轴交汇处，布置重要景观构件。广场中心多采用西方园林典型的图案式花坛，形成多彩的模纹植物带，树木成行列式种植。水体为几何形体，一般以多组合人工喷泉为主。规则式绿地主要布置在严肃、雄伟的纪念性、行政类建筑场地。规则式绿地设计如图 6-3 所示。

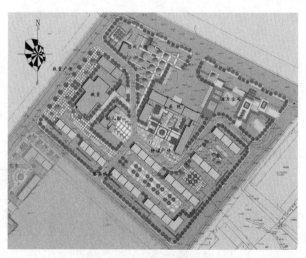

图 6-3　规则式绿地设计

2. 自然式

自然式布局根据地形变化，顺应地势的自然形态，适用于山丘等微地形。道路自由曲折，采用平滑曲线组织空间。可以采用假山石、景观雕塑等东方园林典型手法进行设计。水体轮廓为自然曲线，以溪、泉等自然水景为主。树木种植有疏有密，自然群落栽植。花木布置以花丛、花群种植为主。将绿篱进行不规则修剪。自然式绿地适用于居住小区、一般单位的绿化景观设计。自然式绿地设计如图 6-4 所示。

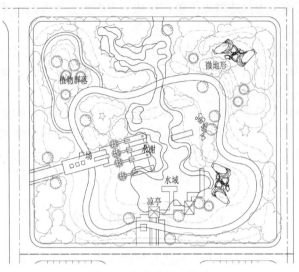

图 6-4　自然式绿地设计

3. 混合式

混合式布局是将规则式和自然式布局相结合，采用不完全几何对称形式布局绿化。西方规则式的人工美与东方古典式的自然美相结合，适应不同要求的场地设计。一般采用规则式几何形园路，在种植设计中，外围采用规则式行植，内部采用自然式栽植，通过园路与植物的多种手法种植，营造自由变化的场地空间。混合式绿地设计如图 6-5 所示。

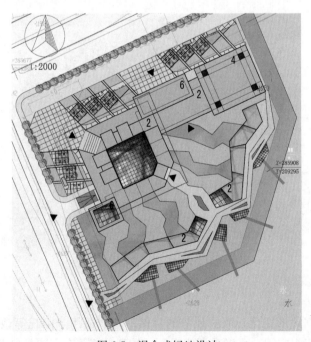

图 6-5　混合式绿地设计

6.5　场地绿化设计实例

某孤残儿童技工学校教学楼前的广场整体布局采用中轴对称式的景观设计。两侧景观主要以植物造景、亮化处理、土地造型等手法来表现，与主题广场形成平坦与错落、人文与自然的鲜明对比。

采用冠幅 4m 的枫树按 5m 的行距形成景观树阵。微地形处理，多种乔灌木合理配植。整片草地中孤植景观大树，利用地坪灯进行灯光设计。

学校附属医院采用东北常见树种白桦形成规则式树阵。利用人工溪的土方填营造微地形，利用空间虚实植物造景，凭栏依坐在亭边，观赏水生植物芦苇、菖蒲、金莲。种植具有芳香气味的玫瑰、丁香等，芬芳的气味使沁人心脾。

植物与景观配置中利用乔木、亚乔木、灌木、花灌木、草坪、多年生花卉及水生植物等进行合理布局，形成一个小环境气候，使其具有降温、增湿、减风、吸尘、降噪，调节空气和保持水土等生态作用。在植物景观上形成春、夏看花；秋看形、色；冬看青的人文、自然环境与氛围。某学校及其附属医院绿化设计图如图 6-6 所示。

6.6　实训任务 4——场地绿化设计

(1) 基地概况：基地西侧为教学区，北侧为绿化区，东侧为运动区，南侧为学生公寓区，如图 3-19 所示。

(2) 设计条件：在基地内建一座食堂（8000m²，三层，局部可四层），一座学生活动中心（5000m²，三层），二～四栋学生公寓（28000m²，六层）；地块周围两条南北向道路车行道宽均为 10m，红线 18m，东西向车行道宽 5m，红线 12m。

(3) 设计要求：根据已知的设计条件对场地内建筑空间、景观绿化进行合理的布局。

某北方高校校园学生生活区场地绿化设计图如图 6-7 所示。

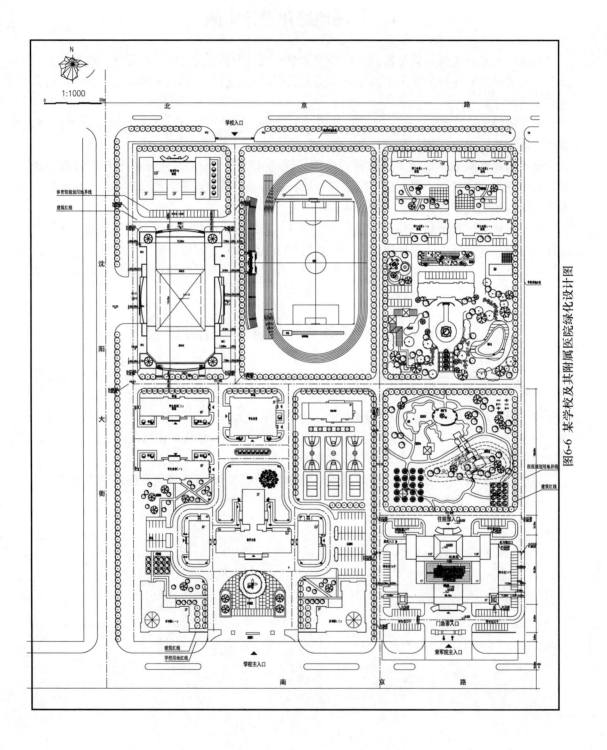

图6-6 某学校及其附属医院绿化设计图

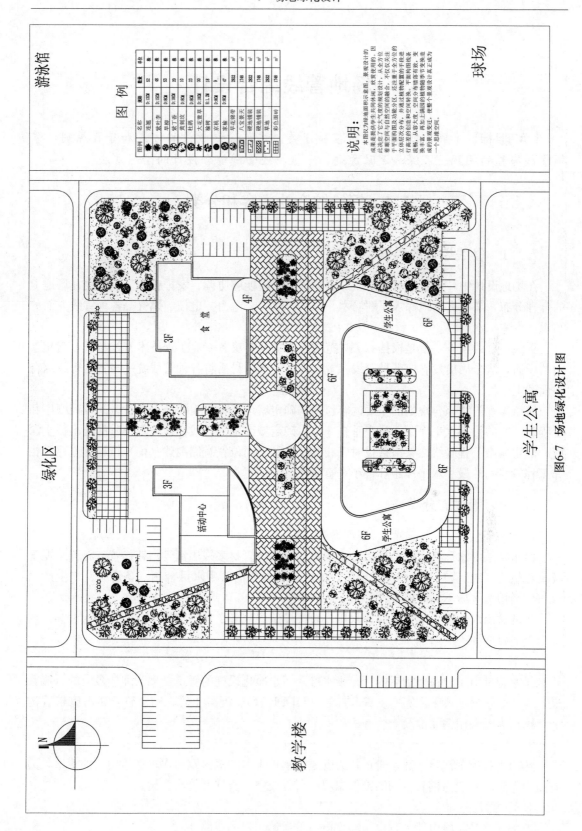

图6-7 场地绿化设计图

7　场地管线综合设计

【学习目标】了解管线综合的内容和分类，熟悉管线敷设的方式和布置原则，掌握管线布置的间距、埋深和避让原则，掌握场地管线综合设计的绘图方法。

7.1　管线综合的内容和分类

7.1.1　管线综合的内容

在场地设计中，建筑师对于管线综合的掌握，应能够协调、安排各种工程管线在场地上的合理分布，需要适当地深入了解给水、排水、热力、电力、电信、燃气等各种管线方面的知识。

管线综合的工作，就是根据有关规范规定，综合解决各专业工程技术管线布置及其相互间的矛盾，从全面出发，使各种管线布置合理、经济，最后将各种管线统一布置在管线综合平面图上。

城市工程管线综合规划的主要内容包括：确定城市工程管线在地下敷设时的排列顺序和工程管线间的最小水平净距、最小垂直净距；确定城市工程管线在地下敷设时的最小覆土深度；确定城市工程管线在架空敷设时管线及杆线的平面位置及周围建（构）筑物、道路、相邻工程管线间的最小水平净距和最小垂直净距。

7.1.2　管线的分类

1. 给水管

给水管是由水厂将水经加压后送至用户的管路。管材多采用钢管、铸铁管、石棉水泥管及聚乙烯管（PE管）等，多为埋地敷设。生活用水和消防用水可合用一条管线。当生产用水与生活用水水质不同时应分设管道。

生活饮用水管网上的最小服务水压一般按建筑层数确定：首层为10m，二层为12m，二层以上，每增高一层增加4m。

2. 排水管

排水管是由用户将使用后的污、废水排入污水净化设施的管道，多为埋地敷设的自流管道。排水管管材一般采用高密度聚乙烯管（HDPE管）、混凝土管、陶土管及砖石砌筑管沟等，承压大时采用钢筋混凝土管。

3. 热力管

热力管包括蒸汽管、热水管。热力管是将锅炉生产的蒸汽及热水输送给用户的管道，为有压力管道。一般为钢管，均需设保温层。可以架空、直埋和管沟敷设。

4. 电力线路

电力线路是指将电能从发电厂或变电所输送给用户的线路。

在生活区之外和工厂区之外的输电电压为220kV、110kV和35kV；在工厂区内一般为

35kV、10kV 和 0.4kV。

为了保证电力线的绝缘性能和人身安全，电线四周必须有足够的安全距离。

电力线有架空线和埋地电缆两种敷设方式。

4. 电信线路

电信线路一般指电话、广播、有线电视、监控和宽带网等线路。可用裸线、绝缘线或电缆。为了避免干扰，尽可能远离电力线。

5. 燃气管

燃气管包括天然气管和煤气管。燃气管是由城市分配站或调压站调整压力后输送给用户的管道。敷设方式在生活区内一般是埋地，在厂区内也有考虑架空的。

6. 其他管线

其他管线还有氧气、乙炔管线、压缩空气管线、输油管线、运送酸碱管线等。

7.2 管线敷设的方式

管线的敷设方式是根据建设项目性质、管线用途、场地地形、地质、气候等自然条件、施工方法、维护检修要求及经济条件等因素综合分析确定的。此外，管线的敷设方式还与运行安全、景观要求等因素有关。场地内管线的敷设方式主要有地下敷设和架空敷设。

7.2.1 地下敷设

地下敷设适用于地质情况良好、地下水位低、地下水无腐蚀性、景观要求较高以及地形平缓的场地。一般适宜于重力自流管线和压力管线，特别是对于有防冻及防止温度升高的管线。

1. 直接埋地

直接埋地简称直埋，即地面开挖后，将管线直接埋设在土壤里的方式。其敷设施工简单，投资最省，管道防冻、电缆散热较好，有助于卫生和环保，使场地地面、地上环境整洁，便于形成良好的场地景观。因此，在一般场地中广泛应用。但这种方式敷设路由不明显，增、改管线难，维修要开挖地面。直埋敷设适用于给水管、排水管、燃气管和电力电缆等的敷设。其形式有单管线、管组和多管同槽等三种，如图 7-1 所示。

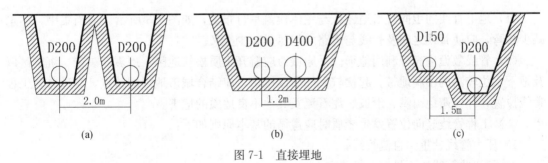

图 7-1　直接埋地

（a）一般单独挖沟埋设方式；（b）给水与给水管道同沟埋设方式；（c）排水与排水管道的埋设方式

2. 综合管沟

综合管沟即地面开挖后修建混凝土沟，将管线埋设在混凝土沟里的方式。它可保护管道不受外力和水侵蚀，保护保温结构，并能自由地热胀冷缩，节约用地，维修方便，使用年限长；但基建投资大，工期较长。同时，需妥善解决好通风、排水、防水、施工及安全等问题。其形式有不通行管沟、半通行管沟和通行管沟。不通行管沟一般在管线性质相同且根数不多时采用，可单层敷设，维修量不大，且断面较小，占地较少，耗材少，投资省，但维修不便，维修时需要开挖路面，如图 7-2（a）所示。半通行管沟的内部空间稍大一些，人员可弓身入内进行一般检修，敷设的管道较多，不需开挖路面，但耗材较多，投资较贵，如图 7-2（b）所示。通行管沟的内部空间最大，人员可以在其中进行安装、检修等操作，敷设的管道数量最多，但耗材多，一次性投资大，建设周期长，如图 7-2（c）所示。

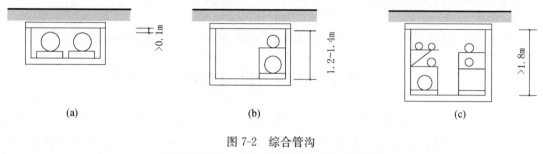

图 7-2　综合管沟
（a）不通行管沟；（b）半通行管沟；（c）通行管沟

7.2.2　架空敷设

架空敷设适用于地下水位较高、冻层较厚、地形复杂、多雨潮湿以及地下水有腐蚀性的场地。根据支架的高度划分为三种形式：低支架（支架高度为 2.0～2.5m）、中支架（支架高度为 2.5～3.0m）和高支架（支架高度为 4.5～6.0m）。架空敷设比地下敷设建设费及工程量小，施工和检修、管理相对方便，但对城市景观不利，设计时应慎重选用。

7.3　管线敷设的布置原则

7.3.1　直接埋地布置原则

（1）地下管线的走向宜沿道路或与主体建筑平行布置，如图 7-3 所示。适当集中，尽量减少转弯，应使管线之间及管线与道路之间尽量减少交叉。

（2）管线敷设应充分利用地形。平原城市应避开土质松软地区、地震断裂带、沉陷区以及地下水位较高的不利地带。起伏较大的山区城市，应结合城市地形的特点，合理布置工程管线位置，并应避免山洪、滑坡、泥石流及其他不良地质的危害。

（3）工程管线竖向位置发生矛盾时应遵循的基本原则如下：

1）压力管线让重力自流管线；

2）可弯曲管线让不易弯曲管线；

3）分支管线让主干管线；

4）小管径管线让大管径管线；

5）临时性管道让永久性管道；

6) 新设计的让原有的;

7) 施工量小的让施工量大的;

8) 检修次数少的、方便的,让检修次数多的、不方便的。

(4) 电力管线与电信管线宜远离,并按照电力管线在道路东侧或南侧、电信管线在道路西侧或北侧的原则布置。这样可以简化管线综合方案,减少管线交叉的相互冲突,如图 7-4 所示。

(5) 尽可能将性质类似、埋深接近的管线排列在一起。

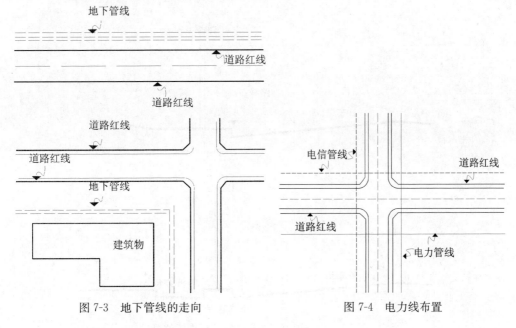

图 7-3 地下管线的走向　　　　　　　图 7-4 电力线布置

7.3.2 综合管沟布置原则

(1) 综合管沟内宜敷设电信电缆管线、低压配电电缆管线、给水管线、热力管线、污雨水排水管线。

(2) 综合管沟内相互无干扰的工程管线可设置在管沟的同一个小室,相互有干扰的工程管线应分别设在管沟的不同小室。

(3) 电信管线与高压输电电缆管线必须分开设置。

(4) 给水管线与排水管线可在综合管沟一侧布置,排水管线应布置在综合管沟的底部。

(5) 当沟内有腐蚀性介质管道时,排水管道应位于其上面。腐蚀性介质管道的标高应低于沟内其他管线。

(6) 热力管道不应与电力、通信电缆和物料压力管道共沟。

(7) 火灾危险性属于甲、乙、丙类的液体、液化石油气、可燃气体、毒性气体和液体以及腐蚀性介质管道,不应共沟敷设,并严禁与消防水管共沟敷设。

(8) 燃气管道不宜与其他管道或电力电缆同沟敷设。

(9) 工程管线干线综合管沟的敷设,应设置在机动车道下面,其覆土深度应根据道路施工、行车荷载和综合管沟的结构强度以及当地的冰冻深度等因素综合确定;敷设工程管线支线的综合管沟,应设置在人行道或非机动车道下,其埋设深度应根据综合管沟的结构强度以及当地的冰冻深度等因素综合确定。

7.3.3 架空敷设布置原则

（1）沿城市道路架空敷设的工程管线，其位置应根据规划道路的横断面确定，管架的净空高度及基础位置不得影响交通运输、消防、安全及检修。

（2）架空线线杆宜设置在人行道上距路缘石小于或等于1m的位置。有分车带的道路，架空线线杆宜布置在分车带内，如图7-5所示。

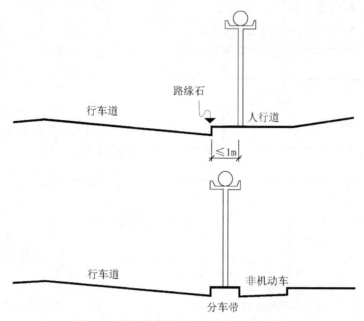

图7-5 沿城市道路的架空线线杆设置位置

（3）电力架空线杆与电信架空线杆宜分别架设在道路两侧，且与同类地下电缆位于同侧，如图7-6所示。

图7-6 电力架空线与电信架空线的架设方法

（4）同一性质的工程管线宜合杆架设。

（5）架空热力管线不应与架空输电线、电气化铁路的馈电线交叉敷设。当必须交叉时，应采取保护措施。

（6）工程管线跨越河流时，宜采用管道桥或利用交通桥梁进行架设。可燃、易燃工程管线不宜利用交通桥梁跨越河流。工程管线利用桥梁跨越河流时，其规划设计应与桥梁设计相结合。

（7）不应妨碍建筑物自然采光与通风。

（8）敷设有火灾危险性属于甲、乙、丙类的液体、液化石油气和可燃气体等管道的管架，与火灾危险性大和腐蚀性强的生产、贮存、装卸设施以及有明火作业的设施，应保持一定的安全距离，并减少与铁路交叉。

7.4 管线布置间距

7.4.1 地下埋设管线布置

1. 平行布置次序

（1）工程管线在道路下面的规划位置

工程管线分支线少、埋设深、检修周期短和可燃、易燃及损坏等情况，对建筑物基础安全有影响，应远离建筑物。

工程管线应从道路红线向道路中心线方向平行布置，其次序宜为：电信管线→电力管线→热力管→燃气管→给水管→雨水管→污水管。工程管线在道路下面的规划位置如图7-7所示。

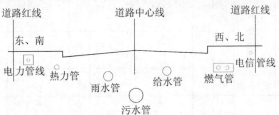

图 7-7　工程管线在道路下面的规划位置

（2）工程管线在庭院内建筑线周围的规划位置

工程管线在庭院内建筑线周围的规划位置时，应由建筑向外方向平行布置，次序宜为：电力管线→电信管线→污水管→燃气管→给水管→热力管。工程管线在庭院内建筑线周围的规划位置如图7-8所示。

当燃气管线在建筑物两侧中任一侧引入，均满足要求时，燃气管线应布置在管线较少的一侧。

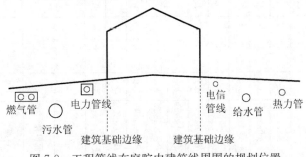

图 7-8　工程管线在庭院内建筑线周围的规划位置

2. 最小水平净距

工程管线应考虑不影响建筑物安全和防止管线受腐蚀、沉陷、震动及重压。

工程管线相互之间、工程管线与建（构）筑物之间的距离有一定的限制要求，如表 7-1 所示。

表 7-1 工程管线之间及其与建(构)筑物之间的最小水平净距(m)

序号	管线及建(构)筑物名称		1 建(构)筑物	2 给水管线 d≤200mm	2 给水管线 d>200mm	3 污水,雨水管线	4 再生水管线	5 燃气管线 低压 P<0.01MPa	5 中压 B 0.01MPa<P≤0.2MPa	5 中压 A 0.2MPa<P≤0.4MPa	5 次高压 B 0.4MPa<P≤0.8MPa	5 次高压 A 0.4MPa<P≤0.8MPa	6 直埋热力管线	7 电力管 直埋	7 电力管 保护管	8 通信管 直埋	8 通信管 管道通道	9 管沟	10 乔木	11 灌木	12 地上杆柱 通信照明及<10kV	12 高压铁塔基础边 ≤35kV	12 高压铁塔基础边 >35kV	13 道路侧石边缘	14 有轨电车钢轨	15 铁路钢轨(或)坡脚
1	建(构)筑物		—	1.0	3.0	2.5	1.0	0.7	1.0	1.5	5.0	13.5	3.0	0.6		1.0	1.5	0.5	—	—			3.0	1.5	—	—
2	给水管线	d≤200mm	1.0			1.0	0.5	0.5		0.5		1.5	1.5	0.5		1.0	1.0	1.5	1.5	1.0	0.5		1.5	1.5	2.0	5.0
2	给水管线	d>200mm	3.0	—		1.5	0.5		0.5																	
3	污水,雨水管线		2.5	1.0	1.5	—	0.5	1.0	1.2		1.5	2.0	1.5	0.5	0.5	1.0	1.5	1.5	1.5	1.0	0.5	1.5		1.5	2.0	5.0
4	再生水管线		1.0	0.5	0.5	0.5	—	0.5		1.0	1.5		1.0	0.5	0.5	1.0	1.0	0.5	1.0	1.0	1.0		3.0	1.5	2.0	5.0
5	燃气管线 低压	P<0.01MPa	0.7	0.5	0.5	1.0	0.5	—					1.0	0.5	1.0	0.5		1.0	0.75		1.0		2.0	1.5	2.0	5.0
5	中压 B	0.01MPa<P≤0.2MPa	1.0	0.5	0.5	1.2	0.5	DN≤300mm 0.4	DN>300mm 0.5				1.5	0.5	1.0	0.5	1.0	1.5	1.2	0.7		1.0	2.0	1.5	2.0	5.0
5	中压 A	0.2MPa<P≤0.4MPa	1.5											1.0	1.5	1.0	1.5	2.0								
5	次高压 B	0.4MPa<P≤0.8MPa	5.0										1.5													
5	次高压 A	0.4MPa<P≤0.8MPa	13.5										2.0					4.0				5.0				
6	直埋热力管线		3.0	1.5	1.5	1.5	1.0	1.0	1.5	1.5	2.0	2.0	—	2.0	2.0	<35kV 1.0 / ≥35kV 2.0	1.0	1.5	1.5	1.5	1.0	3.0(>330kV 5.0)	1.5	2.0	5.0
7	电力管线 直埋		0.6	0.5	0.5	0.5	0.5	0.5	0.5	1.0	1.5	2.0	2.0	—		0.5	1.0	1.0	0.7	0.5	1.0	2.0	1.5	2.0	10.0(非电气化 3.0)
7	电力管线 保护管		1.5	0.5	1.0	1.0	1.0	1.0						0.25 0.1	0.1 0.1	<35kV 0.5 / ≥35kV 2.0		1.0							
8	通信管线 直埋		1.0	1.0	1.0	1.0	1.0	0.5	0.5	1.0	1.0	1.0	1.0	<35kV 0.5 / ≥35kV 2.0	—		0.5	1.5	1.0	1.0	0.5	2.5	1.5	2.0	2.0
8	通信管线 管道,通道		1.5			1.5			1.0	1.5			2.0		1.0	—										
9	管沟		0.5	1.5		1.5	0.5	1.0	0.75			1.5	1.0	1.0	0.5	1.0	—			1.0	0.5	3.0	1.5	2.0	5.0
10	乔木		—	1.5	1.5	1.0	1.5	1.5	1.5	1.2	2.0				1.5	1.5			—	1.5	0.5
11	灌木		—	1.0	1.0	1.0	1.0	0.75	1.0	1.0	1.5	1.0	1.0	0.7	1.5 1.0	1.5 1.0	1.0	1.0	—	0.5

续表

序号	管线及建(构)筑物名称		1 建(构)筑物	2 给水管线 d≤200mm	d>200mm	3 污水、雨水管线	4 再生水管线	5 燃气管线 低压	中压 B	中压 A	次高压 B	次高压 A	6 直埋热力管线	7 电力管 直埋	保护管	8 通信管 直埋	管道通道	9 管沟	10 乔木	11 灌木	12 地上杆柱 通信照明及<10kV	高压铁塔基础边 ≤35kV	>35kV	13 道路侧石边缘	14 有轨电车钢轨	15 铁路钢轨(或坡脚)
12	地上杆柱	通信照明及<10kV	—	0.5	0.5	0.5	0.5	1.0	1.0	1.0			1.0	1.0		0.5	0.5	1.0	—	—				0.5	—	—
		高压铁塔基础边 ≤35kV	—	3.0	3.0	1.5	3.0		2.0	2.0	5.0	5.0	3.0(<330kV) / 5.0	2.0		0.5	2.5	3.0				0.5				
		高压铁塔基础边 >35kV																								
13	道路侧石边缘		—	1.5	1.5	1.5	1.5	1.5	1.5	1.5	2.5	2.5	1.5	1.5		1.5	1.5	1.5	0.5						—	—
14	有轨电车钢轨		—	2.0	2.0	2.0	2.0	2.0	2.0	2.0	5.0	5.0	2.0	2.0		2.0	2.0	2.0								—
15	铁路钢轨(或坡脚)		—	5.0	5.0	5.0	5.0	5.0	5.0	5.0	5.0	5.0	5.0	10.0 (非电气化 3.0)		2.0	2.0	3.0								

注:1. 管线距建筑物距离,除次高压燃气管道为其至外墙面外均为其至建筑物基础,当次高压燃气管道采取有效的安全防护措施或增加管壁厚度时,管道距建筑物外墙面不应小于3.0m。

2. 地下燃气管道与铁塔基础边的水平净距,还应符合现行国家标准《城镇燃气设计规范》GB 50028—2006 地下燃气管线和交流电力线接地体净距的规定。

3. 燃气管线采用聚乙烯管材时,燃气管线与热力管线的最小水平净距应按现行行业标准《聚乙烯燃气管道工程技术规程》CJJ 63—2008 执行。

4. 直埋蒸汽管道与乔木最小水平间距为2.0m。

3. 交叉排列顺序

(1) 各种工程管线不应在垂直方向上重叠直埋敷设。

(2) 地下管线交叉布置时,应符合下列要求,如图 7-9 所示:

1) 给水管道应在排水管道上面。

2) 煤气管道应在其他管道上面(热力管道除外)。

3) 电力管线应在热力管道下面、其他管道上面。

4) 腐蚀性的介质管道及碱性、酸性排水管道,应在其他管线下面。

5) 热力管道应在可燃气体管道及给水管道上面。

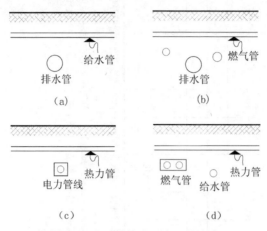

图 7-9　地下管线交叉布置的要求

(a) 给水管道应在排水管道上面;(b) 煤气管道应在其他管道上面(热力管道除外);

(c) 电力管线应在热力管道下面、其他管道上面;(d) 热力管道应在可燃气体管道及给水管道上面

(3) 当工程管线交叉敷设时,自地表面向下的排列顺序宜为:电信管线→热力管→电力管线→燃气管→给水管→雨水管→污水管。

(4) 工程管线在交叉点的高程应根据排水管线的高程确定。

4. 最小垂直净距

工程管线交叉时的最小垂直距离有一定的限制,如表 7-2 所示。工程管线的最小覆土深度如表 7-3 所示。

表 7-2　工程管线交叉时的最小垂直净距 (m)

序号	管线名称		给水管线	污水、雨水管线	热力管线	燃气管线	通信管线		电力管线		再生水管线
							直埋	保护管及通道	直埋	保护管	
1	给水管线		0.15								
2	污水、雨水管线		0.40	0.15							
3	热力管线		0.15	0.15	0.15						
4	燃气管线		0.15	0.15	0.15	0.15					
5	通信管线	直埋	0.50	0.50	0.25	0.50	0.25	0.25			
		保护管及通道	0.15	0.15	0.25	0.15	0.25	0.25			

续表

序号	管线名称		给水管线	污水、雨水管线	热力管线	燃气管线	通信管线		电力管线		再生水管线
							直埋	保护管及通道	直埋	保护管	
6	电力管线	直埋	0.50*	0.50*	0.50*	0.50*	0.50*	0.50*	0.50*	0.25	
		保护管	0.25	0.25	0.25	0.15	0.25	0.25	0.25	0.25	
7	再生水管线		0.50	0.40	0.15	0.15	0.15	0.15	0.50*	0.25	0.15
8	管沟		0.15	0.15	0.15	0.15	0.25	0.25	0.50*	0.25	0.15
9	涵洞（基底）		0.15	0.15	0.15	0.15	0.25	0.25	0.50*	0.25	0.15
10	电车（轨底）		1.00	1.00	1.00	1.00	1.00	1.00	1.00	1.00	1.00
11	铁路（轨底）		1.00	1.20	1.20	1.20	1.50	1.50	1.00	1.00	1.00

注：* 用隔板分隔时不得小于 0.256m。
1. 燃气管线采用聚乙烯管材时，燃气管线与热力管线的最小垂直净距应按现行行业标准《聚乙烯燃气管道工程技术规程》CJJ 63—2008 执行。
2. 铁路时速大于或等于 200km/h 客运专线时，铁路（轨底）与其他管线最小垂直净距为 1.50m。

表 7-3 工程管线的最小覆土深度（m）

管线名称		给水管线	排水管线	再生水管线	电力管线		通信管线		直埋热力管线	燃气管线	管沟
					直埋	保护管	直埋及塑料、混凝土保护管	钢保护管			
最小覆土深度	非机动车道（含人行道）	0.60	0.60	0.60	0.70	0.50	0.60	0.50	0.70	0.60	—
	机动车道	0.70	0.70	0.70	1.00	0.50	0.90	0.60	1.00	0.90	0.50

注：聚乙烯给水管线机动车道下的覆土深度不宜小于 1.00m。

7.4.2 地上架空管线布置

1. 架空敷设线路最小净距

架空管线之间及其与建（构）筑物之间的最小水平净距要求如表 7-4 所示，交叉时的最小垂直净距如表 7-5 所示。

表 7-4 架空管线之间及其与建筑物之间的最小净距（m）

名称		建（构）筑物（凸出部分）	通信线	电力线	燃气管道	其他管道
电力线	3kV 以下边导线	1.0	1.0	2.5	1.5	1.5
	3kV～10kV 边导线	1.5	2.0	2.5	5.0	2.0
	35kV～66kV 边导线	3.0	4.0	5.0	4.0	4.0
	110kV 边导线	4.0	4.0	5.0	4.0	4.0
	220kV 边导线	5.0	5.0	3	5.0	5.0
	330kV 边导线	6.0	6.0	9.0	6.0	6.0
	500kV 边导线	8.5	8.0	13.0	7.5	6.5
	750kV 边导线	11.0	10.0	16.0	9.5	9.5
	通信线	2.0	—	—	—	—

注：架空电力线与其他管线及建（构）筑物的最小水平净距为最大计算风偏情况下的净距。

表 7-5　架空管线之间及建（构）筑物之间交叉时的最小垂直净距（m）

名称		建（构）筑物	地面	公路	电车道（路面）	铁路（轨顶）		通信线	燃气管道 $P \leqslant 1.6MPa$	其他管道
						标准轨	电气轨			
电力线	3kV 以下	3.0	6.0	6.0	9.0	7.5	11.5	1.0	1.5	1.5
	3kV~10kV	3.0	6.5	7.0	9.0	7.5	11.5	2.0	3.0	2.0
	35kV	4.0	7.0	7.0	10.0	7.5	11.5	3.0	4.0	3.0
	66kV	5.0	7.0	7.0	10.0	7.5	11.5	3.0	4.0	3.0
	110kV	5.0	7.0	7.0	10.0	7.5	11.5	3.0	4.0	3.0
	220kV	6.0	7.5	7.5	11.0	8.5	12.5	4.0	5.0	4.0
	330kV	7.0	8.5	9.0	12.0	9.5	13.5	5.0	6.0	5.0
	500kV	9.0	14.0	14.0	16.0	14.0	16.0	8.5	7.5	6.5
	750kV	11.5	19.5	19.5	21.5	19.5	21.5	12.0	9.5	9.5
通信线		1.5	(4.5) 5.5	(3.0) 5.5	9.0	7.5	11.5	0.6	1.5	1.0
燃气管道 $P \leqslant 1.6MPa$		0.6	5.5	5.5	9.0	6.0	10.5	1.5	0.3	0.3
其他管道		0.6	4.5	4.5	9.0	6.0	10.5	1.0	0.3	0.25

注：1. 架空电力线及架空通信线与建（构）筑物及他管线的最小垂直净距为最大计算弧垂情况下的净距。

2. 括号内为特指与道路平行，但不跨越道路时的高度。

2. 地面敷设

当人流、货运少时，根据地形可以采用地面敷设方式。地面敷设投资省、检修方便、施工快，在临时及简易工程中经常采用。但是煤气管不宜采用地面敷设方式，应为地下敷设方式。不同地段的地面敷设可采用不同的方法，如图 7-10 所示：

（1）填方地段可以采用管堤方式。

（2）在挖方地段可以采用管堑方式。

（3）在岩石地段可以采用培土敷设。

（4）在山坡可以采用沿坡架设。

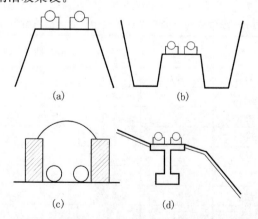

图 7-10　不同地段管线地面敷设采用的不同方法

（a）在填方地段可以采用管堤方式；（b）在挖方地段可以采用管堑方式；

（c）在岩石地段可以采用培土方式；（d）在山坡可以采用沿坡架设

7.5 场地管线综合设计实例

7.5.1 设计条件

（1）某场地内道路交叉口的道路红线、车行道、人行道如图 7-11 所示。

（2）东西向和南北向道路上已建有地下管线，管线的种类、外径、间距及覆土深度如图 7-11 所示。

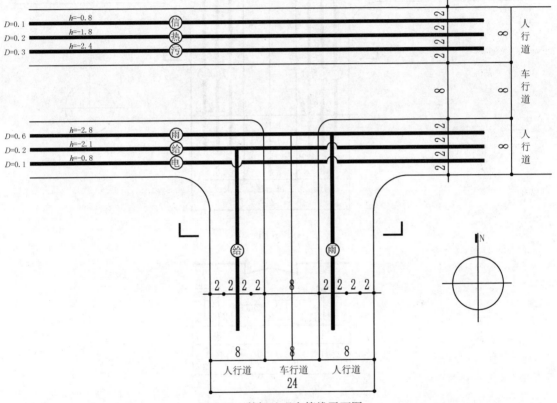

图 7-11 某场地现有管线平面图

7.5.2 任务要求

（1）在图 7-11 中南北向道路两侧人行道上，补绘电力、电信、热力、污水管线，并标注管线名称、管线中心线的水平间距。

（2）绘制南北向道路的剖面图，标注管线名称、外径、管顶标高（人行道标高为±0.000），并标出管线中心线的水平间距。

7.5.3 案例解析

某场地管线综合设计图如图 7-12 所示。

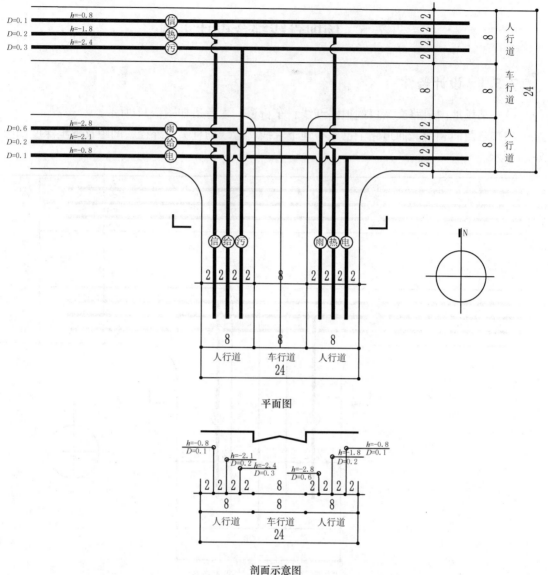

图 7-12 某场地管线综合设计图

7.6 实训任务 5——场地管线综合设计

（1）基地概况：基地西侧为教学区，北侧为绿化区，东侧为运动区，南侧为学生公寓区，如图 3-19 所示。

（2）设计条件：在基地内建一座食堂（8000m²，三层，局部可四层），一座学生活动中心（5000m²，三层），二～四栋学生公寓（28000m²，六层）；地块周围两条南北向道路车行道宽均为 10m，红线 18m，东西向车行道宽 5m，红线 12m。

（3）设计要求：结合基地周边沿路的校园管网对基地内的管线进行综合布置。

某北方高校校园学生生活区场地管线综合设计图如图 7-13 所示。

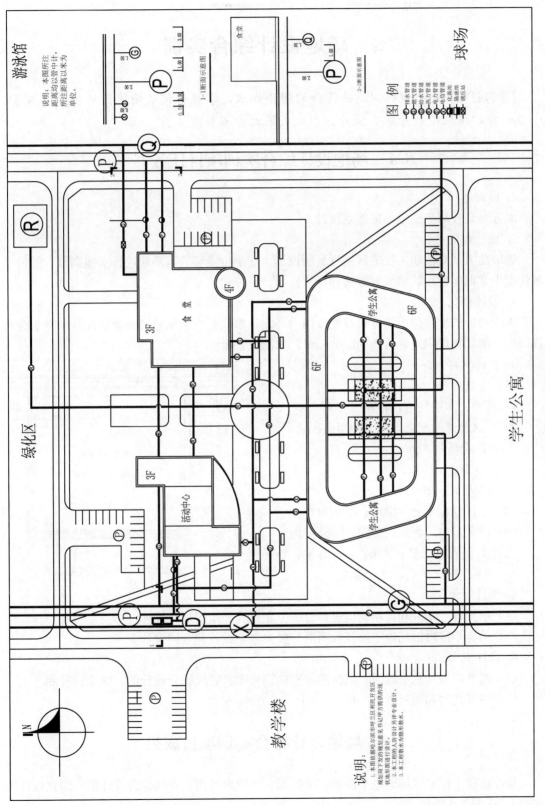

图7-13 场地管线综合设计图

8 场地设计综合实训

【学习目标】进一步巩固场地设计的理论知识，掌握如何从场地设计任务书入手，一步一步按阶段进行分析、设计、形成成果的步骤和方法。

8.1 场地设计综合实训项目任务书

1. 设计题目

北方某高校职工住宅小区规划设计。

2. 设计目的

选取北方某高校职工住宅区进行真题设计，让学生能够进入场地进行实地调研，通过学习使学生掌握居住小区的规划方法和步骤。

3. 设计概况

本次设计的地块位于北方某高校校园内，北临学院路，西临校园运动场区，东临学院科技园区，南邻居住用地，占地 58592.5m²，如图 8-1 所示。

4. 设计内容

(1) 建筑：

1) 住宅：多层住宅，容积率为 1.0～1.2。

2) 小区公建及配套设施（使用面积）：

① 小区会所：300m²。

② 门卫室：50m²。

③ 物业管理：100m²。

(2) 小区绿化：公共绿地、组团绿地。

(3) 小区竖向：场地内竖向、道路竖向。

(4) 工程管网：P—排水，G—给水，D—电力，X—电信，R—供热，Q—燃气。

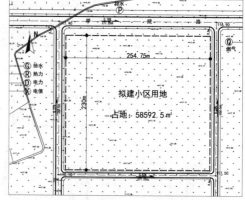

图 8-1 某高校职工住宅区基地图

5. 设计要求

(1) 根据设计条件和现场调研进行总图方案设计和组团绿化设计。

(2) 结合小区内的场地道路及管网进行竖向方案设计和管网设计。

6. 设计成果

(1) 图纸内容：总平面图、定位图、竖向设计图、管线综合设计图、绿化设计图。

(2) 图纸比例和图幅要求：比例 1：1000，图幅 A3。

8.2 场地设计综合实训项目成果

某高校职工住宅区场地总平面图、定位图、竖向设计图、管线综合设计图、绿化设计图如图 8-2～图 8-6 所示。

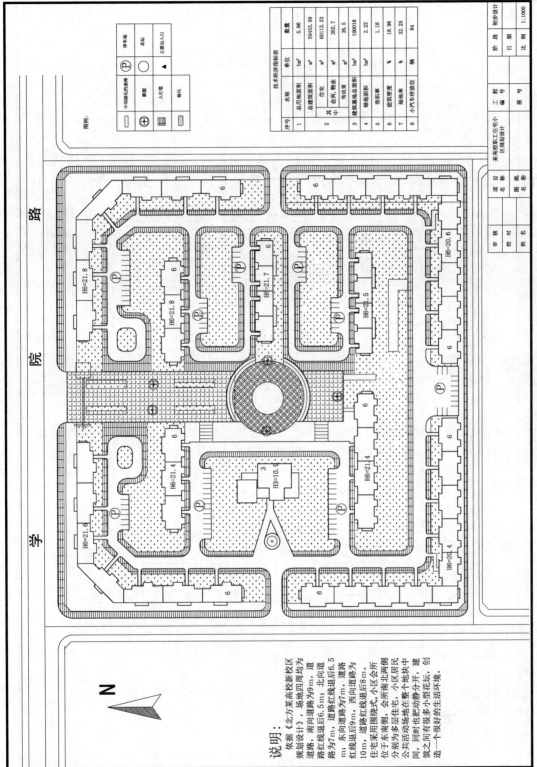

图8-2 某高校教职工住宅区场地总平面图

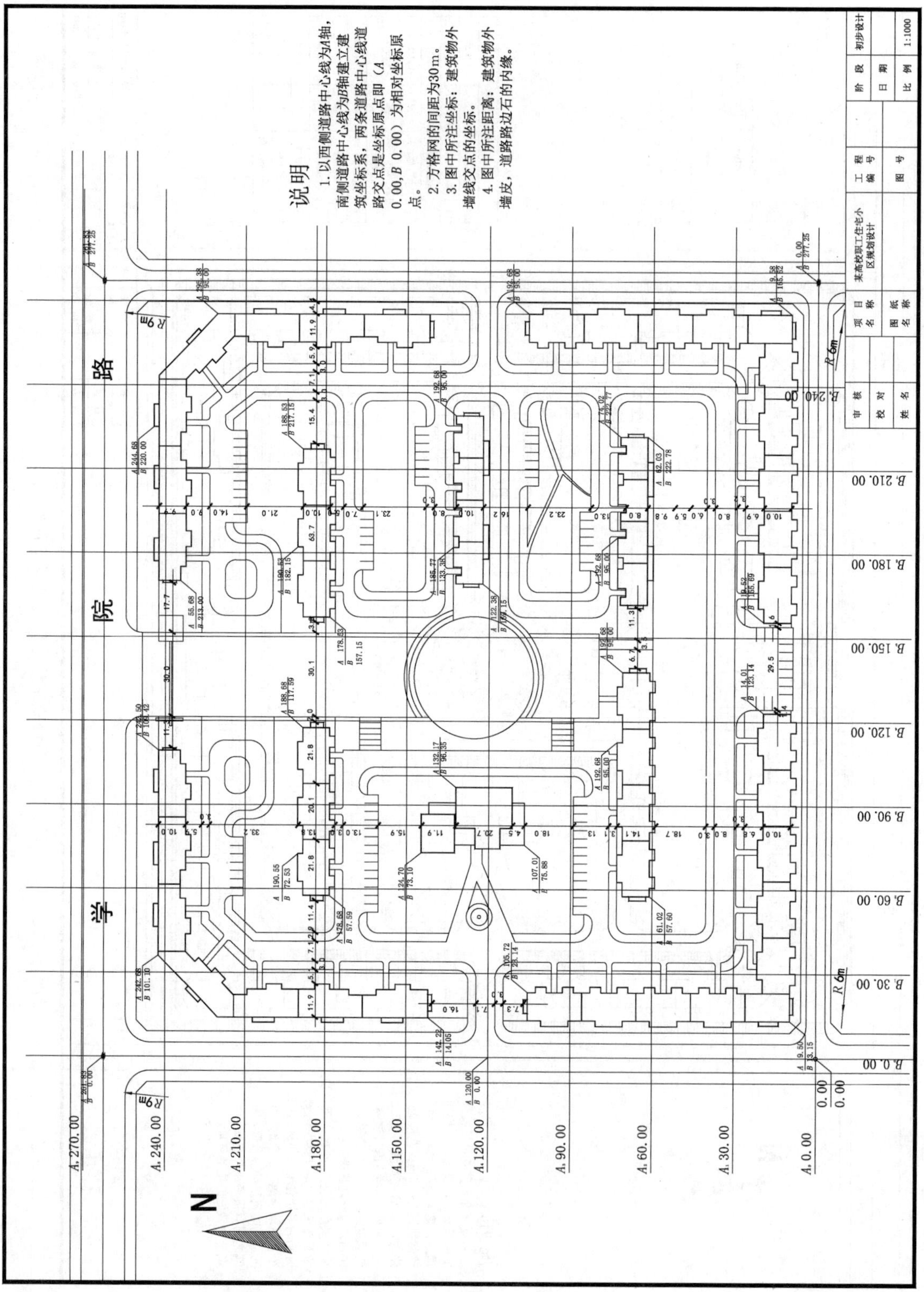

图8-3 某高校教职工住宅区场地定位图

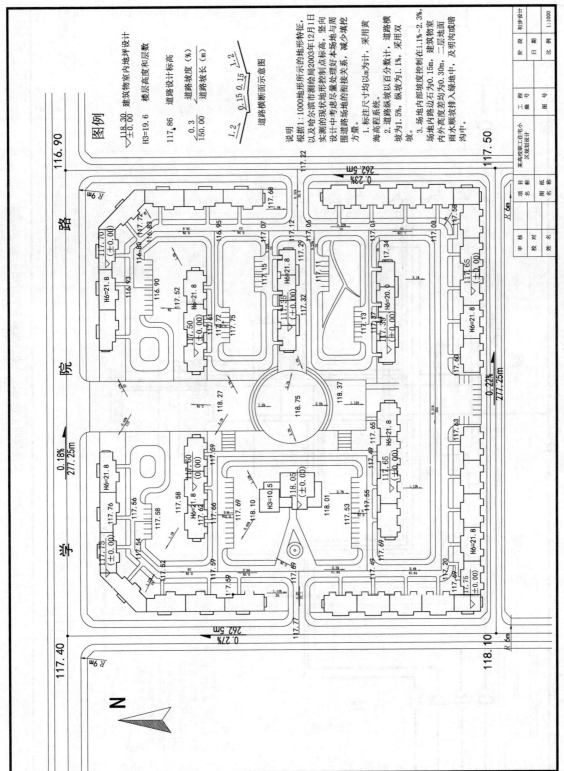

图8-4 某高校职工住宅区场地竖向设计图

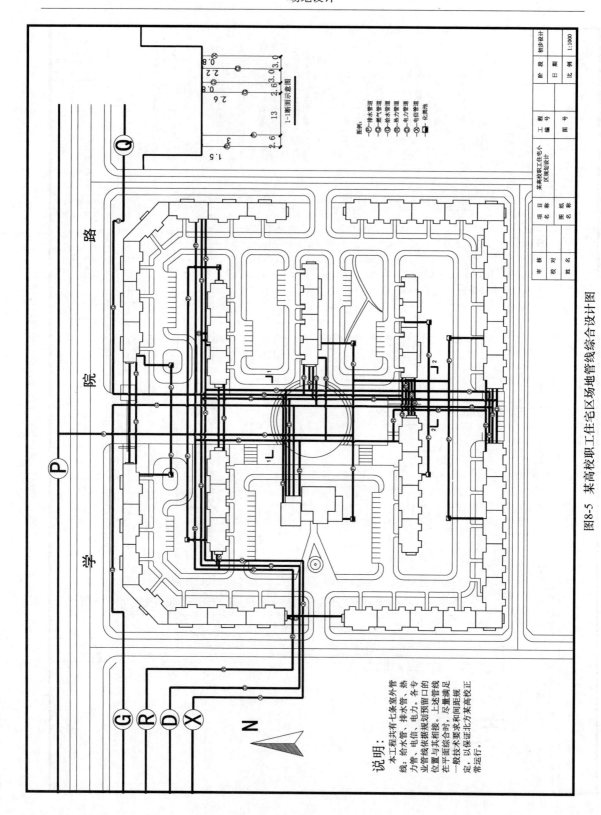

图8-5 某高校职工住宅区场地管线综合设计图

说明：

本工程共有七条室外管线：给水管、排水管、热力管、电信、电力、各专业管线根据规划预留口的位置与其相接。上述管线在平面综合时，尽量满足一般技术要求和间距规定，以保证北方某高校正常运行。

图例：
- 巴—排水管道
- ○—燃气管道
- ○—给水管道
- ○—热力管线
- ×—电力管线
- ■—各俗管道
- 由—化粪池

1-1断面示意图

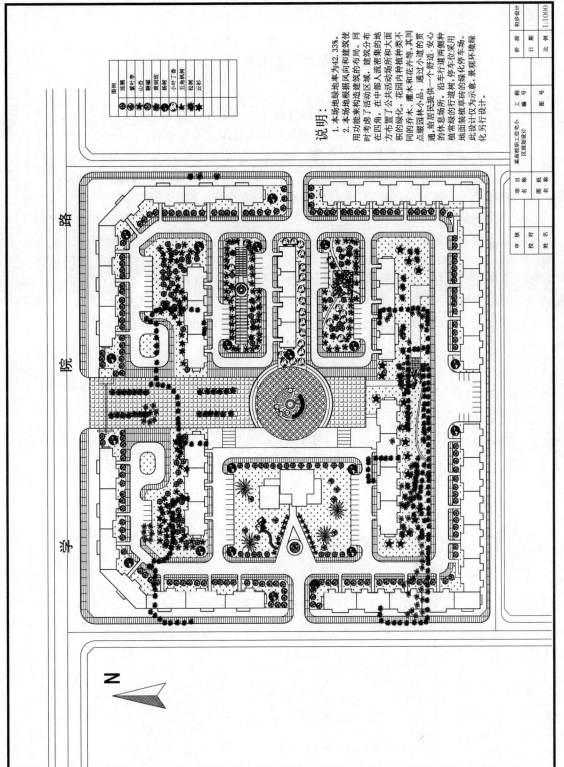

图8-6 某高校职工住宅区场地绿地绿化设计图

参考文献

[1] 刘磊. 场地设计 [M]. 北京：中国建材工业出版社，2002.

[2] 张伶伶，孟浩. 场地设计 [M]. 北京：中国建筑工业出版社，1999.

[3] 闫寒. 建筑学场地设计 [M]. 2版. 北京：中国建筑工业出版社，2010.

[4] 赵晓光. 民用建筑场地设计 [M]. 2版. 北京：中国建筑工业出版社，2012.

[5] 詹姆斯·安布罗斯，彼得·布兰多. 简明场地设计 [M]. 李宇宏译. 北京：中国电力出版社，2006.

[6] 俞孔坚. 景观设计学：场地规划与设计手册 [M]. 3版. 北京：中国建筑工业出版社，2000.

[7] 朱家瑾. 居住区规划设计 [M]. 北京：中国建筑工业出版社，2000.

[8] 郑毅. 城市规划设计手册 [M]. 北京：中国建筑工业出版社，2000.

[9] 刘丽和. 校园园林绿地设计 [M]. 北京：中国林业出版社，2001.